U0060051

大都會文化
METROPOLITAN CULTURE

大都會文化
METROPOLITAN CULTURE

週一清晨的領導課

Monday Morning Leadership

「別忙著管理，趕快領導吧！」

傑克・威爾許（Jack Welch）通用電氣執行長

Preface 前言

兩年前……一切都不如人意。

那些日子，我一直待在世界前500大企業之一的某家公司擔任部門經理，事業原本一帆風順。然而，當時我卻突然陷入了某種瓶頸——儘管比以往更加兢兢業業，但似乎除了疲憊之外，一無所獲；我無暇與孩子相處，婚姻出現危機，而且健康狀況每況愈下，每天在生活的漩渦中苦苦掙扎。

工作時，下屬也被我的情緒影響，心煩意亂，結果導致業績持續下滑；於是，改善業績又成為了我們的重擔。一切的壓力幾乎都快超出可以忍受的極限了，說實話，我已經想要放棄，我開始喪失自信，質疑起自己的領導能力。

但如果我不能勝任目前的職位，我又該何去何從？如果過去的成功只是市場景氣造成的假象，如果一切的成功都只是偶然的幸運造成的，那我又該怎麼辦呢？面對這些疑惑，可悲的是，我完全無法回答自己心中的問題……我已經進退維谷了。

我迫切地需要與人溝通，希望有人能夠聆聽我的情況並提供有效的建議——我並不需要那些無關痛養的風涼話。

某個週末，我在電視轉播的業餘高爾夫球賽上，看見父親的朋友——湯尼・派爾斯（Tony Pearce）。湯尼是一位處於半退休狀態的商業領導者，他大半的時間都花在寫書和培訓高級主管上。雖然我不知道他的確切年紀，看起來也只稍長我幾歲，但他的經驗卻顯然比我豐富多了，已經功成名就。

而雖然他在工作上獲得巨大的成功，湯尼並沒有因此變得尖酸刻薄或是腦滿腸肥。他那運動員般的健美體魄以及充滿魅力的個性，已經成為商界的傳奇。

湯尼是一位能夠「妙手回春的專家」，他曾經拯救多家公司免於破產並增加盈利。他還曾兩度被不同的權威機構頒贈「年度企業家」的榮譽頭銜。湯尼目前任職於一家商業委員會，致力於促進公司高級主管的領導理論建設。

湯尼在職業生涯中，不僅已賺得可觀的財富，更可貴的是，他傾注大量的時間和金錢幫助他人，因而博得了大眾的高度讚譽。他的正直和美德令人欽服。

我的祖父稱他為「真正的紳士」。我的父親也很尊崇他，在其經商生涯中，經常向湯尼諮詢各種問題。

我渴望成為像湯尼那樣的人——聰明睿智、受人尊重、自信十足，而且又是受人歡迎的演說家及良師益友。

大學畢業時，湯尼曾寫了一封祝賀信給我。也許是出於某種預感，我一直將它珍藏至今。

親愛的傑夫：

恭喜你大學畢業了。你已經度過生命中最美好的一段時光。

現在，你即將踏入職業生涯，我相信你在自己選擇的領域中，一定會獲得成功。

當你需要與某個人談談個人或工作方面的問題時，我很樂意將自己的經驗傳授給你，千萬不要客氣。

寄予最誠摯的祝福。

湯尼．派爾斯

或許，這正是一個預兆，我也許該跟湯尼談談。但我和湯尼很久沒見面了，從我們最後一次見面到現在，已經過了很多年。我懷疑我打電話給他時，他是否還記得我。我甚至不確定他是否願意與我見面，畢竟全國各大公司的CEO都爭相邀請他。

內心掙扎許久，我終於決定打電話，反正打通電話對我也不會有什麼損失。更何況我正面臨困境，極需力挽狂瀾。

於是，我鼓起勇氣打電話過去。

我感到有點緊張，怕他不記得我。我突然覺得自己真是個傻瓜，即使他還記得我，那封祝賀信到現在早就過了許多年，何況那也算不上是一個承諾。

但短短幾秒過後，我就放下了一顆惴惴不安的心，顧慮完全消失。

電話接通了，我報上名字：「我是傑夫・華爾特。」湯尼一聽，立刻就知道我是誰。他親切地詢問我父親過世後，母親的身體狀況如何等等，然後告訴我，他很高興能接到我的電話。

湯尼親切的態度讓我想起那封信，這麼多年過去了，他依然這麼和善。

簡短的寒暄之後，湯尼卻一直沒有提到那封信。於是，我主動告訴他自己在工作上遇到了瓶頸，想向他請教——如果他願意與我會面一談的話……

在簡單理解我所面臨的困難後，他表示，若我能答應他兩個條件，他就願意幫助我。

首先，他並不打算幫我解決實際遇到的問題，和這個比較起來，他更關心如何從根本上讓我成為一名快樂且成功的領導者。為了達到這個目標，我們需要一段很長的時間，所以我必須連續八週的每週一都與他見面。

其次，湯尼還要求我與他人分享從這裡學到的經驗和教訓。他說我所遇到的問題，都不是單一的個案，其他人也可以從我的經歷中學習成長。

我太高興了，湯尼竟然答應連續八週與我面談。不過，當我問他是否可以在週末而非週一見面時，他卻表示他的時間表不允許——最後，我接受他提出的條件，當時還暗自思量：「如果週一清晨的會談效果不佳，反而耽誤到了工作，那再想辦法得體地推掉後面的會談吧。」

沒想到，我與湯尼「週一清晨」的八次會談，最後竟成為我畢生難忘的經驗。腦海中一次也不曾出現過要推掉會談的念頭。

至於第二個條件——教導他人——這正是我撰寫本書的用意。

我很高興讀者能夠讀到這本《週一清晨的領導課》，也希望看完的人能夠分享並指導他人這些湯尼教給我的寶貴經驗。希望所有的人都能樂在其中，並學以致用。

專家推薦
Commendation

這是一本非常出色的參考書，它完美地闡述了領導學的原理。

馬歐爾・格倫，聯邦快遞公司
總裁兼首席執行長

專家推薦
Commendation

一個絕妙的故事，讀者從主人翁的對話中可以輕鬆掌握領導學的知識和經驗。

艾力克・哈維，Walk The Talk
總裁兼首席執行長

專家推薦 Commendation

◎ 本書見解深刻、簡明易懂。它以「中肯扼要」的寫作風格豎立了通往成功經理人的清晰路標。

丹・阿莫斯，美國家庭人壽保險公司（AFLAC）
主席兼首席執行長

專家推薦
Commendation

一本效果卓絕的指南，教導人們如何成為賢明的顧問，如何依照明智的建議行事。

馬克・雷頓，PFSWeb股份有限公司
總裁及首席執行長

專家推薦
Commendation

書中闡述的八條基本原則，將直接有助於你勝任自己的工作，使你在領導職位上游刃有餘。

傑克・肯德爾和蓋麗・肯德爾
肯德爾兄弟國際公司董事

專家推薦
Commendation

從來沒有一本書能讓我們覺得，對領導學知識我們竟有如此迫切的需要；也從未有一本書能像《週一清晨的領導課》一樣，能充分地滿足這種需要。

卡麗・瓊斯，《生命是奇妙的》作者

專家推薦
Commendation

大衛・科特萊爾再度推出一本見解深刻讀到、極具啟發性的著作。他以生動的筆觸讓現實世界中領導階層的主管們意識到，他們應當為自己、為他人做些什麼。

瓦萊麗・索克羅斯基，《公司協議》作者

專家推薦 Commendation

這是一趟伴隨良師益友的奇妙之旅，它能為你贏得你所渴望的成功和快樂。真是太棒了！

雷恩・翠西，《最大化成就》作者

專家推薦
Commendation

本書以一種生動有趣、令人印象深刻的方式娓娓道來，是本了不起的著作。

雷・比格斯，債券融資公司
總裁兼首席執行長

專家推薦

Commendation

本書有效的、增長見識的、循序漸進的課程，蘊含著領導學的技巧——成功的必備要素！

埃德·福里曼，任職於經理人兼發展系統公司，
前美國國會議員

目錄

Contents

Contents

司機與乘客

從下屬升為領導者，
你必須有所成長。
只有承擔所有的責任，
才能制定計畫來達成目標。

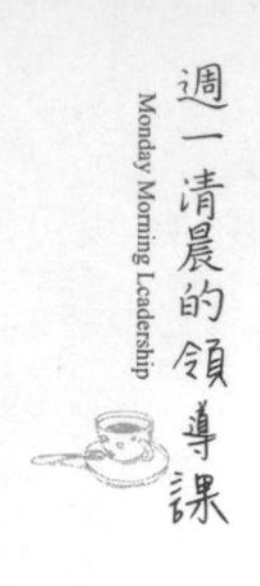

從下屬升為領導者，你必須有所成長。

只有承擔所有的責任，才能制定計畫來達到目標。

當我離家趕赴與湯尼的第一次會談時，天空正下著雨，天色陰暗。

事實上，我對會談能否改善我的窘境感到半信半疑，也許這充其量只是一種暫時的慰藉罷了。畢竟，我已經為世界頂尖的公司工作若干年，其間更多次參加各種管理培訓課程，深知其效用有限。只是幾次的會談又能產生多大的功效呢？

然而，我不得不提醒自己——如果一切順遂，我就不會打電話給湯泥了。現在我正面臨生涯中的危機，無論如何在某些方面一定要有所改變。「加油！」我鞭策自己。

Note 週一清晨與湯尼的談話

「全國各地的CEO都想聽取湯泥的忠告，他能抽空與你面談你應該感到慶幸才對。」

我們約好八點半碰面，但路況受到下雨的影響，我開車到達湯泥家時已經八點四十分了。湯尼站在門口等我，看上去像是剛從《GQ》（Gentlemen's Quarterly）雜誌中走出來一樣有型。

「早安，傑夫。」他說著，伸出手像慈父一般擁抱了我一下。「很高興你能來看我。」

湯尼帶我進屋子，並簡單地參觀了他的住所。他的家棒極了，空間雖大，但是給人很親切的感覺。參觀完後，他帶我去他的藏書室——他說這是我們在未來八週間會談的地方。

藏書室的書架上放置幾千本書籍，我看到幾張湯尼與著名商業鉅子的合影——我一下子就認出這幾位名人。其

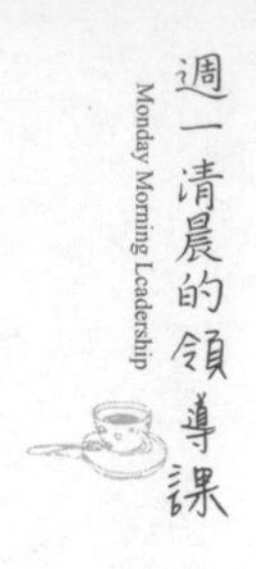

中有幾張照片就放在我的座位附近，我承認，這讓我有點心生敬畏。

閒聊幾分鐘後，我們開始進入正題。

「你的時間很寶貴，傑夫。」他打開話題。「如果想要充分利用會談時間，我想我們需要制定幾條簡單的規則，所以我在準備會談時，已經先寫下這些內容。」

他遞給我一張手寫的便條紙，上面寫著三條簡單的規則。

週一清晨會談的基本原則：

1. 準時開始，準時結束；
2. 實話實說；
3. 嘗試不同的模式。

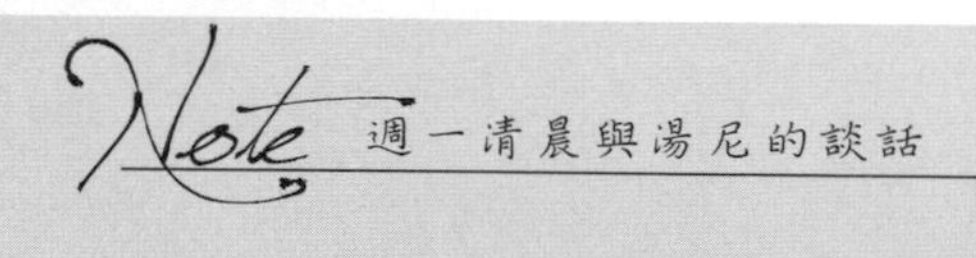

「夠簡單。」我想，我可以辦到。然後我抬頭看著湯尼說：「我可以做到。我們開始吧！」

「那麼，好吧！」湯尼說：「告訴我，這些年來，你認為是什麼原因讓你走到今天這個地步？」

接下來的一個小時中，我滔滔不絕地說著，而湯尼只是不發一言地聽著。

我從大學畢業開始講起。當時我對未來滿懷熱情，認為沒有什麼能夠阻止我走向成功。我受過良好的教育，精力充沛，而且積極樂觀，具備一切成功的條件。

開始工作前幾年，我總是輕而易舉地就能成功，步步高升。不但任職於一家世界知名企業的銷售部門，而且短時間內我就我被擢升為部門經理——這是事業上的第一個轉捩點——當時，我非常的意氣風發，業績蒸蒸日上，前途一片光明；不久，我開始參與制定重大的決策，學習各

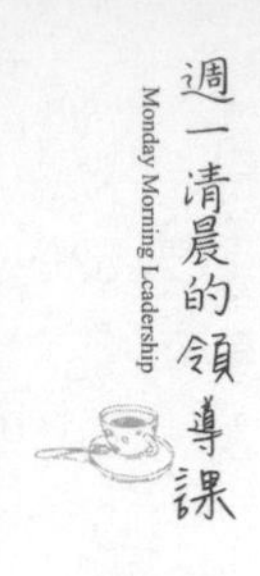

種經驗。部門的業績雖非名列前茅，倒也還算令人滿意，甚至曾獲得公司的嘉獎與好評。

而我的下屬中，雖然有些人不像我鬥志高昂，但由於業績持續成長，所以我一開始完全不擔心他們會給我出什麼狀況。然而，我可能忽視了一些員工的表現——也許這正是導致我陷入困境的原因之一。

一開始我設法讓自己成為「群眾中的一員」，我希望下屬喜歡我，讓他們樂意為我工作。所以我經常帶他們出去聚餐——在那輕鬆的場合下，我會與他們分享我正面臨的問題。當時，我認為這是種很好的策略。

另外，由於上級主管做事常常讓人不滿。所以我總會和下屬站在同一陣線，甚至和他們一同抱怨道：如果我們像上頭那樣，公司早就破產了。接著我們就會為彼此的立場一致而放聲大笑。

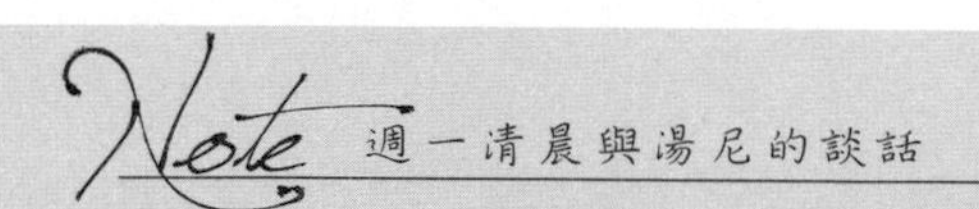

那是一段美好的時光。但往後幾年，業績卻開始下滑。雖然大部分的下屬仍然無可挑剔，不過，我曾經忽視過的某些問題，現在開始大幅度地影響部門的績效。「大幅度地」意思是說，它們已經對我的工作構成威脅。

由於部屬或是其他的外在因素，我無法有效的調配自己的時間與工作。雖然我仍日以繼夜地工作，結果卻不如預期。我悶悶不樂，下屬也受到影響，士氣低落。

「湯尼，我很欽佩您，所以才向您請教。」我灰心喪氣地說：「我已經江郎才盡了，希望現在仍有挽回一切的機會。」

湯尼聽完我長達一小時的訴說後，才開始發表意見。

「首先。」他說。「我知道你認為你所描述的問題和狀況只存在於你和你的部門之中，但事實上並非如此。大部分的領導者都會遇到你所面臨的問題——如果沒有的

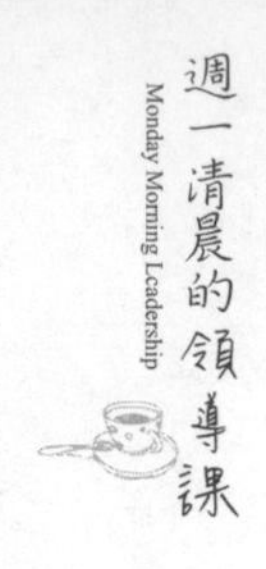

話，也是非常罕見——就算是我，也曾遇過類似的事情。

不只是你會遇到這樣的問題，其實，如果你去請教任何有經驗的人，就會發現他們也都有過同樣的挫折。所以不要沮喪，那只會浪費你寶貴的時間。你所要做的是訂定計畫，這樣或許會有轉機。」

「其次，現在努力為時未晚。」湯尼娓娓道來。「即使你已經累積很多經驗，但你還很年輕。你能夠打電話來尋求我的幫助，我很佩服這一點。很少人有勇氣這麼做。」

「你顯然遇到一些麻煩，所以來尋求旁觀者的建議。我們需要別人從不同的角度來分析自己的處境。」湯尼堅定地陳述。他說的每個字都吸引著我的注意。「事實上，我也有幾位良師益友，他們幫助我成長；多年來，他們一直是我忠實的顧問。任何改變都不會太遲，但你必須要投

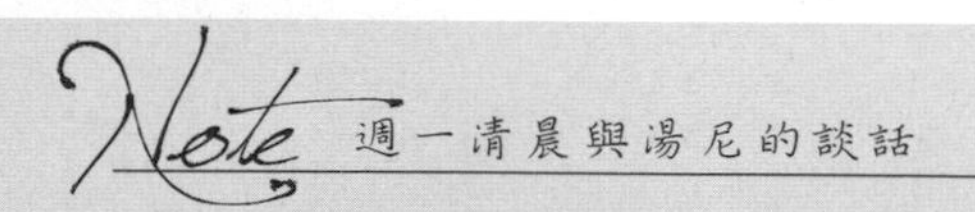

注心力。」

「你的父親曾經說過令我永生難忘的話。他說：『如果你想獲得非凡的成就，必須做的第一件事情就是結束平庸。』記住，你並非孤單一個人。大部分的人從雇員升為經理、從經理升為領導者時，都會面臨同樣的困難：想要被大家喜愛，想要成為『群眾中的一員』。這種想法很自然，每個人都希望被人喜歡，但身為一名領導者，你的下屬喜歡或尊敬你，都應該緣於一些適當的理由。

如果他們因為你為人公正、耐心穩重、全力以赴或充滿信心而喜歡你，這當然好；但是如果他們只是因為你請他們吃飯、喝酒而喜歡你，你覺得會有什麼後果呢？日積月累下來，你將讓自己立於失敗的境地。因為如果你的目的是讓人喜歡你，那麼將會因害怕觸怒朋友而避免做出嚴正的決策。

從雇員升為經理或從經理升為領導者，你必須做出轉變。相信我，這些轉變有時會為你生命中的其他領域帶來全新的挑戰。

傑夫，我還記得你十幾歲時的樣子。那年當你慶祝自己十六歲生日、考取汽車駕照時，是多麼興高采烈。你還記得嗎？

看著自己的父母開車那麼多年，你終於可以自己學開車了，當時地你是多麼的有自信啊！你不斷地向你父親保證你將會是一名出色的司機。」湯尼說著，向我眨了一下眼睛。

「我當然記得。」我回答。「不過，我記得考取汽車駕照後的第二天就出車禍了。謝天謝地，並沒有人受傷。」

「我也記得。」湯尼點頭道。「當時車裡還坐著你的

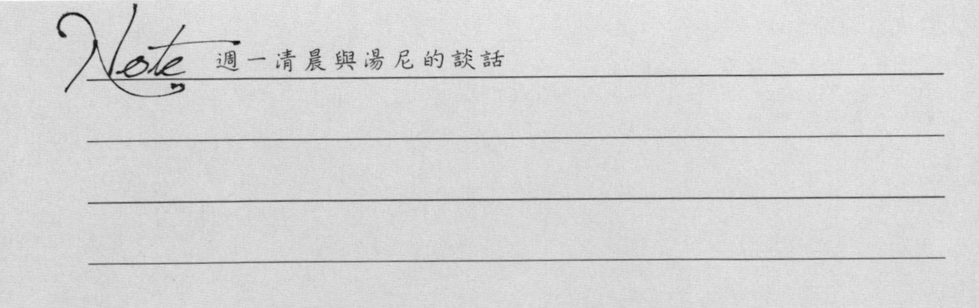

足球隊隊友。然而，有件事情你卻不知道——幾天後，當我與你父親聊到車禍的主要原因時，我們一致認為那是因為你沒搞清楚司機與乘客之間的責任有何不同。

乘客可以自由自在地做很多事情，但司機卻不行。身為一名司機，你應該聚精會神地注意路況而不能分心；身為一名司機，你不應該東張西望，或聽吵雜激昂的音樂。而乘客並沒有這方面的顧慮。

領導者也同樣適用這項原則。當你不再是一名乘客，而是司機時，雖然升任為經理後權力增加，但同時也失去了以前可以享受的某些自由。」

「舉例來說。」湯尼繼續說道：「如果你想成為一名成功的領導者，就不能再與下屬一起批評或議論上司的是非，更不能因為自己部門的問題而責備他人。你應該承擔發生在部門內所有問題的責任。這是很困難的事。」

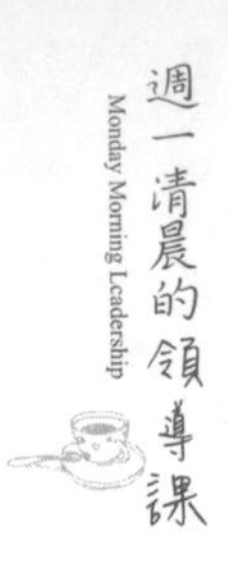

湯尼停頓了一下，繼續說道：「不只如此，你甚至不能隨意調配自己的時間，因為你不只要為自己的時間負責，還要為他人的時間負責。」他停下來看了看手錶，接著說道：「告訴我，今天你到達我家的時候是幾點鐘？」

「八點半多。」我迷惑不解地說。

「我們說好幾點鐘開始呢？」湯尼大聲質問。

「八點半整。但是今天下雨，路上塞車，我原以為出發時間夠早。」我尷尬地辯解。

「是在下雨沒錯。」他說道。「但下雨只是你遲到的藉口。你要知道，傑夫，如果你要對任何情況都全權負責的話，就應該適時做出調整。下雨時，你可以提早出發、換條路走，或是打電話來延後會談的時間。是否能準時到達端視你的決定，下雨只是讓你做出不同的決策而已。」

「把某人或某件事當成遇到問題時的藉口，是不負責

Note 週一清晨與湯尼的談話

任的行為。雖然一定會有某人或某事是應該受責備的，但是真正的領導者會花時間來解決問題，而不是責備他人。

當你責備他人時，你的注意力就停留在過去；只有當你承擔責任時，才會將眼光投向未來。無論如何，傑夫，只有在你學會負起所有的責任後，才能做好計畫朝目標邁進。

我想讓你明白的第一個道理是，你要學會控制自己來應對環境。當你不再怪罪他人，或是懂得不再找尋藉口時，就會積極地做出某些改變了。」

湯尼看了一下錶。「按照約定，我們今天就先談到這裡吧！」

他遞給我一本藍色的筆記本，封面上寫著「週一清晨與湯尼的談話」。「利用這個筆記本，將我們的討論寫下來。」他說，「當你需要回憶我們的談話時，它會幫你記

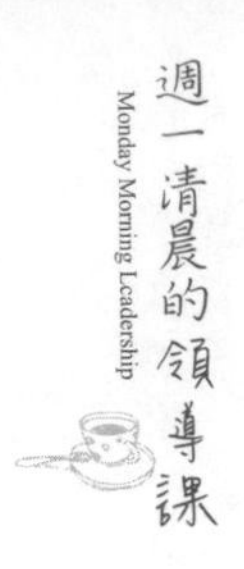

得更清楚。」

湯尼站起來，送我到大門口。「為了改善你的處境，你這週打算怎麼做呢？」

「嗯，您提到那些關於承擔責任的話，讓我感觸頗深。然而，我的團隊中還有很多外部因素存在，我不確定自己能否負起所有責任。」我侷促不安地回答。

「不過，我一定會做到不再與下屬一起批判上司，也不會再將問題推卸給他。我會盡量承擔每件事情的責任，再觀察情況會有什麼改變。」我向湯尼許諾。

「你回家後把這些都記在筆記本上。」湯尼建議。「記住，當你把想法都寫下來時，才代表你對自己做出了踏實的承諾；如果只停留在口頭上說說，那麼對你的意識並不會構成足夠的約束。」

我答應了，並告訴他下週一八點半整我會準時到他家。

Note 週一清晨與湯尼的談話

離開湯尼家後，我更加沮喪了——全權負責部門中發生的事情？！這真是太難了，我不知道自己能否做到。雖然他說的話很有道理，但是我覺得他的某些思想有點過時。不過，既然我已經向他承諾了，那麼我打算嘗試改變以往的作風看看，希望事情能有所改觀。

當天晚上，我翻開筆記本，打算把學到的道理記錄下來。卻發現筆記本裡有一封湯尼寫給我的信，內容如下。

傑夫：

恭喜你有勇氣聽取建議。僅此，就說明你對自己的工作十分自豪。更重要的是，你願意為自己的行為承擔責任。就讓你在這本筆記簿上所記錄的話，成為引領你事業和個人生活邁向成功的藍圖吧！

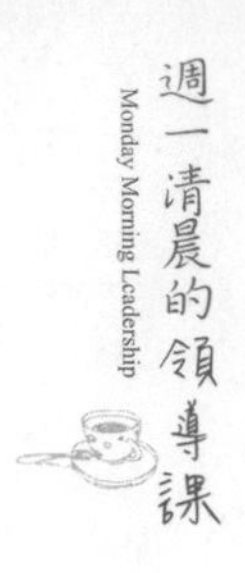

我十分榮幸能與你分享我的經驗，期盼下週一能與你再次見面。

寄予最誠摯的祝福。

湯尼

當我閱讀這封信時，我深深地感受到字裡行間所流露的真摯情誼。他真心希望我能夠獲得成功。這麼多年來，我終於再次充滿信心，也許積極的轉變就在眼前了！

Note 週一清晨與湯尼的談話

Chapter

分辨事情的輕重緩急

你能夠清楚地判斷事情的輕重緩急嗎？
很多人不知道什麼是當務之急，在炒公司魷魚之前，他們已經先炒了主管的魷魚。

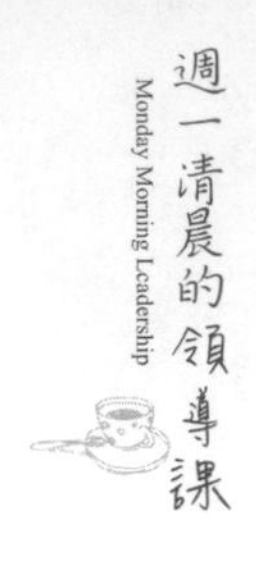

你能夠清楚地判斷事情的輕重緩急嗎？
很多人不知道什麼是當務之急，在炒公司魷魚之前，
他們已經先炒了主管的魷魚。

八點二十分時，我將車子開進湯尼家的車庫。天空下著傾盆大雨，在走到湯尼家門口前，我等了幾分鐘。

當我小跑到大廳門口時，他微笑地打開門。

「歡迎。」他說。「天氣比上週還差，但你卻還有餘裕。多謝你趕到我家來，傑夫。」

「看來你對上週談到的責任有所領悟，而做了不同的決策，這讓你今天能夠準時趕到我家。」湯尼又笑著加了一句。

「是的。」我回答。「我學會早點從家裡出發。不

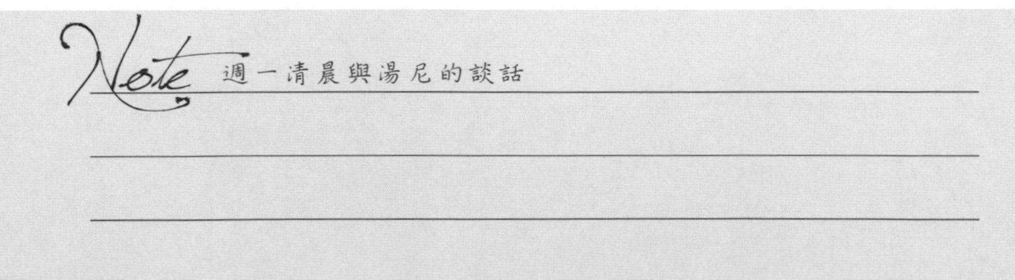

過，湯尼，老實說我不確定自己在領導能力方面是不是有所成長；雖然我設法承擔部門內的一切責任，但是這週還是沒什麼改變。而且每天都有繁雜的事務等著我處理，什麼事情都要做，這對我來說太困難了——我的意思是說，如果為了要承擔責任，那我必須把它們都做到最好。」

「說說詳情吧！」湯尼說著，並坐進一張有靠背的椅子裡。

「每天約有十五個人會向我進行工作匯報。」我繼續說道。「而其中二個員工剛剛離職。我將離職員工的業務分擔給其他人，但是每當我們解決一個問題，就又會發現新的問題。這些問題就像火苗一樣四處亂竄，完全無法控制；另外，再加上我的主管卡林要求十分嚴格——這還是比較委婉的說法——雖然我確信下屬們都知道自己的職責，但工作卻一直無法順利。」

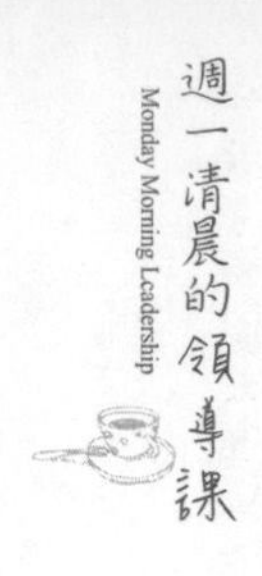

在我訴說的過程中，湯尼似乎有點激動，而顯得坐立不安。「你沒事吧？」我問道。

「哦，傑夫，看起來你是危機四伏啊！」他說：「但是你的工作並不是處理危機，你的下屬也不是救火隊。關於這一點，我認為有幾個基本的問題需要解決──為什麼會空出兩個職位？為什麼下屬會辭職？你真的確定下屬都知道自己的責任嗎？你應該將什麼放在第一位？」

「等等，不要立刻回答這些問題。」湯尼說：「下週會談前，仔細想想。」

「現在，我先分享我的經歷。」他說道：「以前我與一位經理共事時，他每天都會提醒我『讓首要的事情成為真正首要的事情』。『首要問題』是我們的目標及必須優先考慮的事情。他經常問我：『什麼是首要問題呢？』只要團隊中的每個人都知道哪些事情最關鍵，我們就能將精

Note 週一清晨與湯尼的談話

力集中在最重要的事務上。

事實上，有三件事情就是『首要問題』：

1. 讓員工理解獲取成功的方法和手段；
2. 為顧客提供完善的服務；
3. 盈利。

如果有人讓下屬們做不是第一優先的事務而遭到回絕的話，主管應該要表示支持。因為他們非常清楚自己的目標，如此才是專注、富效率的工作團隊。」

接著，他停頓了一會兒，讓我在繼續交談前消化他所說的話。「你提到下屬知道應該做什麼。為什麼你不問他們『哪些是首要問題呢？』他們也許會有不同的答案。

我想，你將會發現：在缺乏溝通下，如果預設別人會有和你相同的目標概念的話，你最後得到的必定只會是失望。試著問問看你的部屬吧，相信你會對答案感到驚訝。

另外，下週一，我們會來討論關於僱用合適下屬的重要性。不過，在此之前，你應該先找出下屬離職的原因。是薪水和津貼太少、上司不賞識自己，還是有別的的原因。

我希望你知道，下屬會離職，通常是因為他們對主管有所不滿。在炒公司魷魚之前，他們已經先炒了主管魷魚。當然，你們公司可能不是這樣，但是在多數情況下，主管會是員工離職的主要原因。

提到主管，你說卡林是個要求苛刻的人，這不一定是壞事。我聽過許多對老闆更嚴厲的批判。你能簡單描述一下與卡林之間的關係嗎？」

「其實我們不常接觸，只有在每月舉行的例會上才有

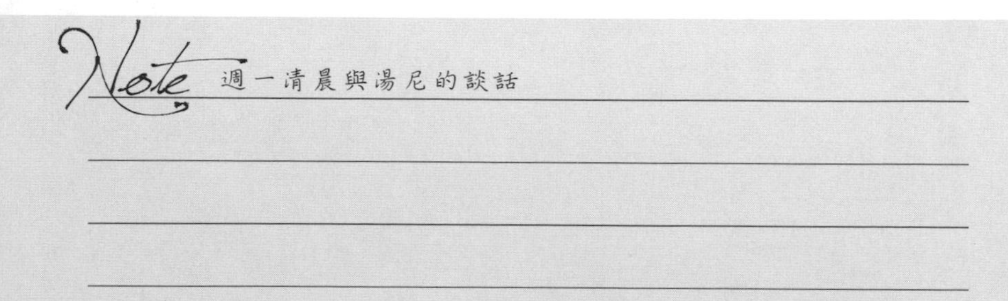

機會交流。但之所以說卡林是個要求苛刻的人，是因為他極為重視結果，總是要求提報告和資料。我覺得他妨礙了我們的工作。」

「你希望卡林怎麼做呢？」湯尼問我。

「我認為他的領導方式值得商議。他應該多花點時間與下屬相處，適時給予建議。然而，他什麼都沒做，只看最後結果。」

「傑夫，也許你是對的，他或許在這方面做得不夠好。但無論如何，你手下也是帶著十五個人，而且他們只能依靠你來與卡林建立關係。所以你應該向卡林報告部門內部發生的事情，並呈交績效。如果你想成功或提供下屬成功必備的方法和手段，就要學會如何與主管共事。

我能夠了解你為什麼認為卡林應該主動與你溝通，這是很自然的想法；不過，如果他沒做到，你是不是就應該

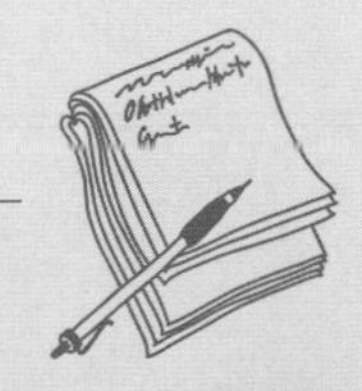

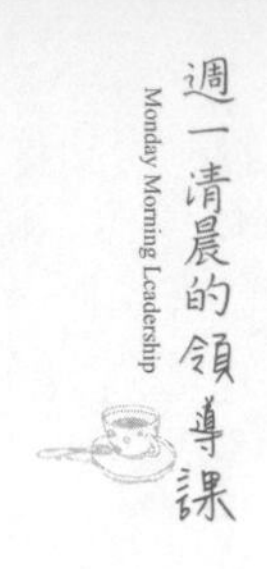

承擔起這個責任。

我建議你花時間像管理下屬一樣來『管理』你的主管，理解他對你的期望，告訴他你對他的期望。你知道他的首要問題是什麼嗎？他知道你的首要問題是什麼嗎？也許你們應該坐下來好好談談。想完成你的首要問題，就要知道你們雙方應該如何協助對方。」

「好了，傑夫，時間差不多了。在下週一的會談之前，你打算怎麼做呢？」湯尼問道。

「誠如你所說的，我的下屬也許真的不知道什麼是首要問題。」我回答：「事實上，我自己也不太明白哪些是首要問題。因此，我要做的第一件事情是與下屬開會討論，找出首要問題。

我也會和卡林溝通，看要怎麼幫他完成他的首要問題，盡量與他保持密切的互動。」

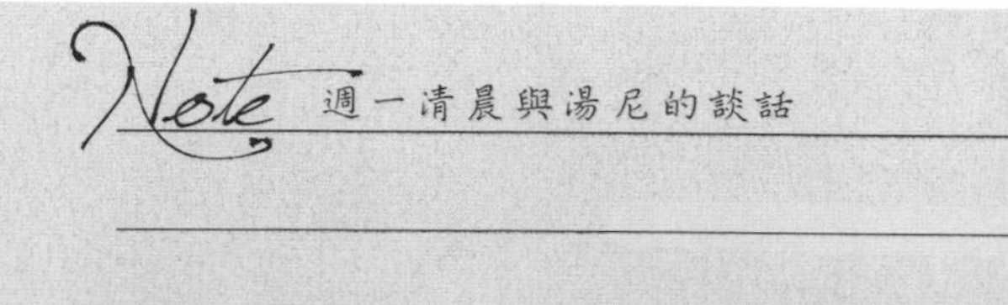

「我知道我們應該明確地確認目標。」我又補充了一句，「我一直放任環境來主導我們的行動，而不是利用目標來主導行動。」

「喔，對了，我也會好好思考你指出的問題。我承認，雖然我真的不認為下屬離職是我的過錯，但我還是難免會思考到這種可能性。」從屋中走出來時，我說道。

當我離開湯尼家時，他的話還在我的腦海裡縈繞不去——什麼是首要問題？為什麼下屬會辭職？為什麼我會把一切都當成「火災」？

在下週一的清晨之前，我必須找出原因。

Note 週一清晨與湯尼的談話

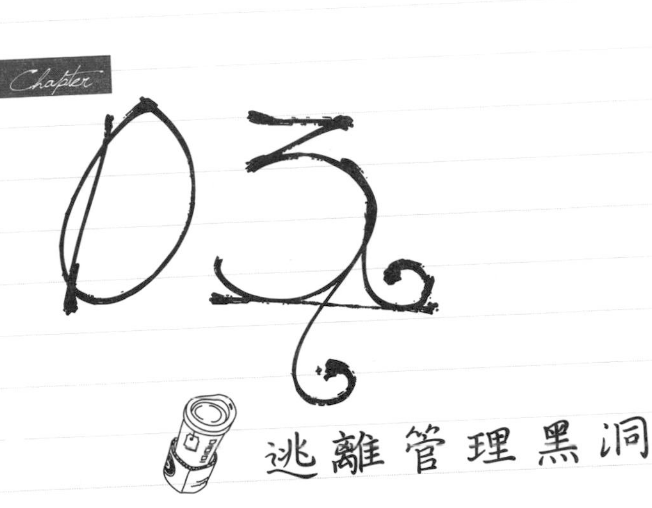

逃離管理黑洞

逃離管理黑洞，與下屬保持聯繫。你的職責不是透過提攜流星來降低最底層的人數，而應該嘉獎超級明星來提高最上限。

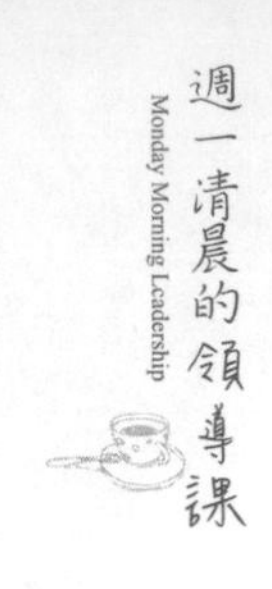

逃離管理黑洞，與下屬保持聯繫。

你的職責不是透過提攜流星來降低最底層的人數，而應該嘉獎超級明星來提高最上限。

「早安，傑夫。」

湯尼像往常一樣衣衫筆挺地站在門口，歡迎我第三次與他進行週一清晨的會談。「你很準時。心情好像比上週好多了。我想你的工作應該很順利吧？」

「嗯，我花了很多時間來思考上週的那四個問題。」我說。「原本我無法掌握問題的癥結，更不用說要找出因應之道，但是現在思路已經比較清楚了。

首先，我正視並解決下屬辭職的問題。我重新翻閱珍妮和查德的離職申請書。他們是兩個月前離職的。正如我

Note 週一清晨與湯尼的談話

所料，申請書上未註明離職原因。事實上，如果觀察他們在職時的表現，還會讓人誤以為他們都樂於在這裡工作。」

「我進一步調查，試著與幾個下屬閒聊。最初，他們並不想對以前的同事做任何評論，後來，一個叫麥克的員工終於提供了一些有趣的訊息。」我繼續向湯尼報告。

「麥克說，珍妮和查德其實並不是真的想離開，但是他們對公司發生的一些事情很不滿。麥克還提醒我，珍妮和查德在不久前都調過薪，所以薪水不是造成他們離職的主因。」

「您的話自上週起就一直在我的耳畔縈繞——員工離職通常是因為主管滿足不了他們的需求。在炒公司魷魚之前，他們已經先炒了主管的魷魚——不過，我當時仍然覺得他們的離職另有隱情，應該與我的行為無關。」我承認

道。「但我知道您一定不接受這種說法，因此，我決定去拜訪查德和珍妮。」

「我與他們單獨見面，他們對於我的造訪感到驚訝不已。而因為他們已不再為我工作，所以完全對我敞開心扉，絲毫沒有隱瞞，一切比我預期的還要坦誠。

當時，他們說的話真的讓我很訝異。雖然他們沒直說，但是我非常清楚，他們的心一直都沒離開過公司。他們只是離開我——他們的主管。正如您所說的，他們對我感到不滿。我幾乎花費大半時間在釐清他們到底對我有什麼意見。基本上，大概可分成三個方面。

首先，是關於僱用優秀的員工。言下之意是，我不會看人，竟然僱用會『欺上瞞下』的人。結果有的人工作繁瑣，有的人游手好閒。查德甚至還說：『我們覺得受到侮辱，為什麼盡忠職守的人反而得到不公平的待遇。』坦白

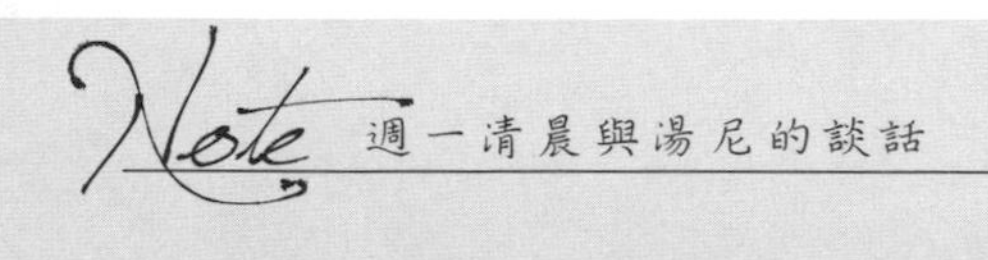

說，湯尼，我簡直不敢相信他們說的話。我真的做出這種錯誤的決策嗎？我想，光是這個念頭就足以讓查德和珍妮離職了。

其次是關於指導員工，讓他們在工作方面更上層樓。聽完他們的話後，我的心情很煩躁。原來我並沒有給予這些員工──這些我認為最優秀的員工──足夠的回饋和指導。雖然在這種情況下，他們仍然努力工作，但我卻始終未能注意過他們的個人需求，是我讓他們失望了。

最後是關於解僱那些尸位素餐的人。我忽視了少數部屬的個人品德問題，但這卻嚴重地影響其他員工的感受與表現。珍妮說，只要有人變得消極或開始說風涼話，就容易打擊整個團隊的士氣。她說他們一直希望我能夠解決這個問題，但我卻放任不管，甚至袖手旁觀。

湯尼，在我與查德和珍妮談完話後，感到十分慚愧。

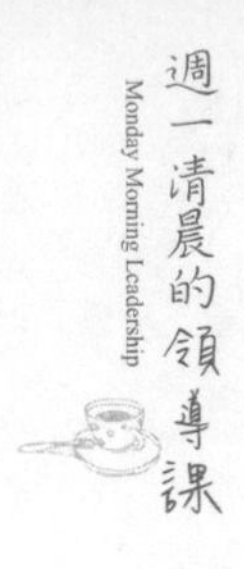

不過，同時也稍微覺得輕鬆。至少我現在知道了問題所在，可以盡快解決，才能避免失去更多優秀的員工。

我將您提出的另外兩個重點合併成一個，亦即首要問題是什麼，團隊的首要目標又是什麼？

週三時，我召開會議。請每個員工在事先準備好的白紙上寫下『我們部門的首要問題是什麼？』。

我知道你不會對他們的回答感到吃驚，而現在的我也是如此——沒人知道首要問題是什麼！雖然每個人都有答案，但卻完全不同。這說明我們沒有明確的目標，對於團隊的方向更是一頭霧水。

現在我必須想辦法界定明確的首要問題，不過，大家似乎都認為應該先制定一個草案。

我也和卡林溝通過了，他很高興我能主動找他。雖然我們還須經過一段磨合期，但是我會盡量保持密切的互

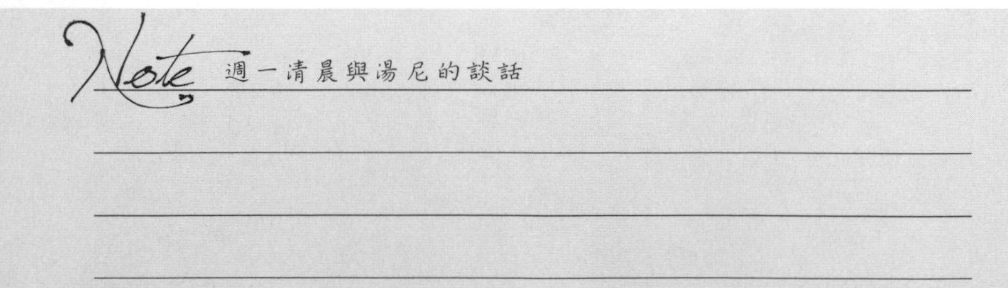

動。」

「沒錯，我這週的心情好多了。我清楚地知道，因為自己沒有做好分內的事，才會面臨困境，甚至令下屬失望。即使上週發生的事打擊了我的自信，但我還是覺得很開心。現在我只要採取補救措施就沒問題了。」我對湯尼據實以告。

「太好了！」湯尼大聲叫好，他的語氣裡沒有半分驚訝，「看來這週有很大的進展，我為你感到驕傲。你終於理解到領導者的『首要問題』之一就是消除下屬的困惑，而且你也與你的員工一起找出部門的首要問題，這代表你已經前進了一大步！」

顯然我的良師對這次週一的會報十分滿意。他繼續說道：「我們接著就來談談有關困惑吧——它讓你的團隊陷入癱瘓。」他說。「讓團隊感到困惑的事情，往往是許多

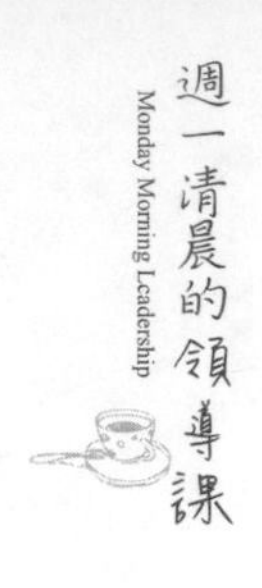

主管不經意就會掉下去的陷阱，我把它稱為『管理黑洞（management land）』——亦即事情通常與表面看到的不同。很多人經常誤踩管理黑洞。」

「在管理黑洞中，簡單的事情卻會變得很複雜，因為人們容易被蒙蔽雙眼。簡單的例子如：阿諛奉承、逢迎拍馬，又或是自私自利、枉顧公義等。總體而言，管理黑洞就是等同於混亂、沮喪，有時甚至有點滑稽可笑。

本週你應該學會如何遠離管理黑洞，與下屬保持良好地互動。查德和珍妮對你的期望很簡單，就是：僱用優秀員工，指導他們使其更上層樓，同時要解僱那些混水摸魚的人。他們切中重點了，傑夫，這些都是很好的建議。

大部分的團隊都包含三種類型的人。一種是超級明星，經驗和學識豐富，在工作崗位上有一展所長的強烈企圖心；另一種是中層星，他們還未具備超級明星般的能

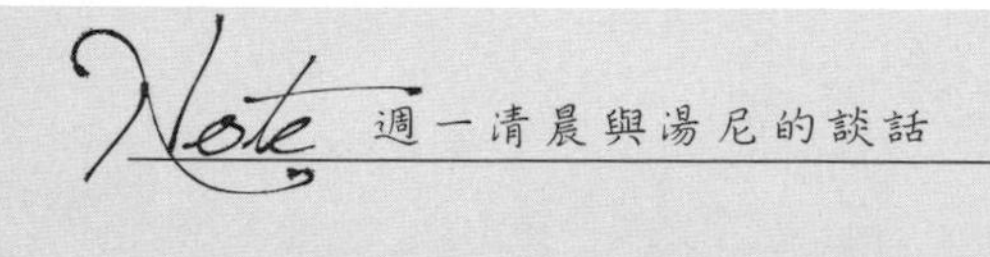

力，又或者他們以前曾是超級明星，但因為某些原因而暫時失去競爭的動力；最後一種是流星，他們喜歡逃避責任，從不認真工作。

在典型的團隊中，分布大約是30%的超級明星、50%的中層星和20%的流星。一旦持續加重超級明星的工作量——像查德和珍妮所描述的那樣——他們就不可能會一直是超級明星。當然，有些超級明星無論肩上的擔子多重都還是是超級明星，但那畢竟只是少數。大部分的人往往會因為額外施加的壓力，而被壓成中層星。

我們來看看以下這幅圖表：

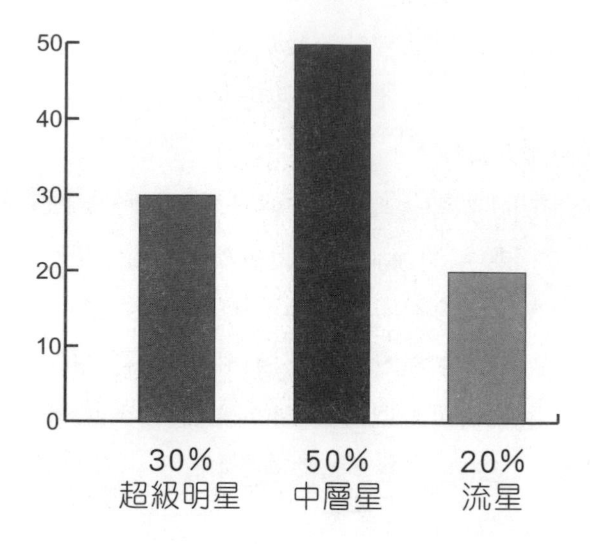

在圖表中，你可以接受的最低績效在哪裡？」

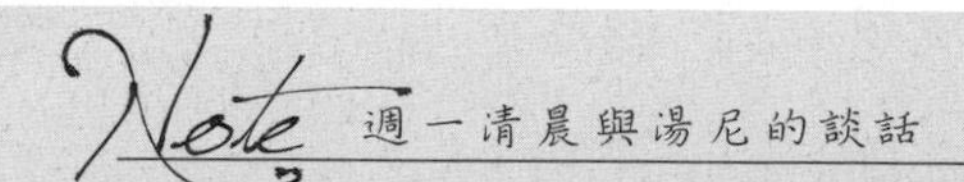

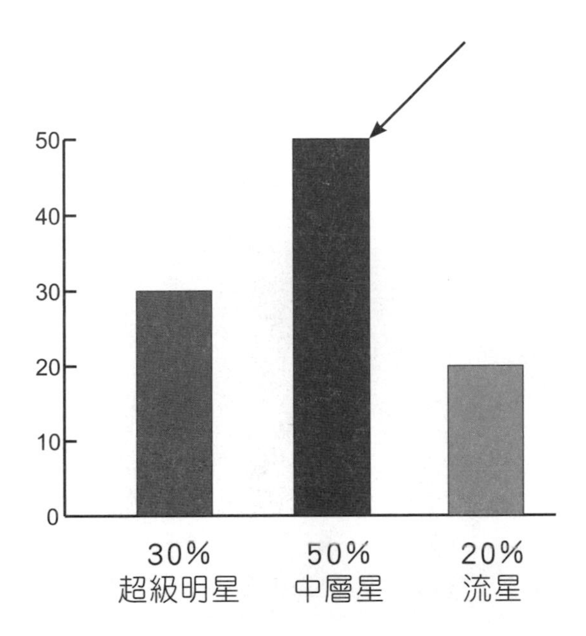

「這太簡單了。」我說：「可以接受的最低績效當然是50%的中層星。」

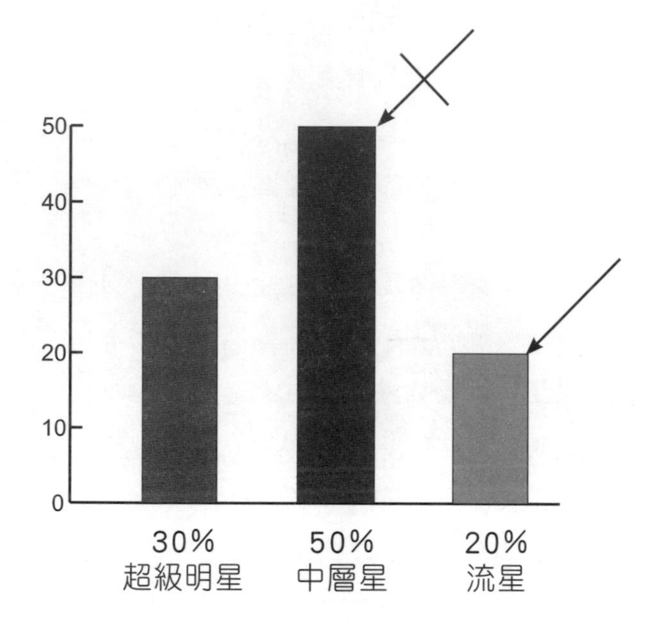

「不，傑夫，你不能只從理論上來看。事實上，我們往往接受的最低績效是20%的流星。」湯尼糾正我。

Note 週一清晨與湯尼的談話

「這些底層的員工實際上也在你的團隊裡，你必須接受他們的工作表現。而且有許多主管——你可能認識，甚至你就是他們其中的一員——由於搞不清楚狀況，有時還會為了答謝這些流星員工的『優良』表現，而少派工作給他們呢！

而一旦這麼做，最後只會讓更多人淪落到流星這一組。因為如果連那樣都有獎勵，大家為什麼要多做呢？

請記得，你的職責不是透過提攜業績最差的人來降低最底層的人數，而應該是嘉獎超級明星來提高最上限。」

「你不能忽視每個人的業績差異，更不能期望超級明星能夠永遠發光發熱。」湯尼強調。「這是查德和珍妮想告訴你的：他們希望你能指導並拉拔團隊中每個努力付出的人，開除那些尸位素餐的消極員工。」

「現在，我要你試著在筆記本上寫下每個員工的名

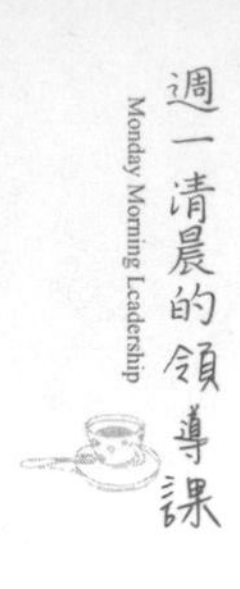

字，並將他們區分為超級明星、中層星和流星三種。請把珍妮和查德也包括在內。」

「這很簡單。」我說，「我當然知道誰是超級明星、誰是流星，只要區分出這兩類，其他人就都是中層星了。那麼，包括珍妮和查德在內，我有六個超級明星、三個流星和八個中層星。」

「好。」湯尼說。「這次我要你回辦公室去查記錄，看看每個人最近的工作表現，並在他們的名字後面打分數；接著，請調出他們的人事檔案，把過去六個月中曾被表揚、以及業績成長的狀況與時間，標註在名字旁做成資料。下週把它帶過來。」

「哦，我們再次超時了，傑夫。不過，你的進步很快，很高興我們的會談對你有所幫助。」湯尼微笑說道：「與你共度的時間很愉快。告訴我，下週你有什麼打算

Note 週一清晨與湯尼的談話

呢？」

「我要解決幾個關鍵問題。」我開始侃侃而談，「第一，我要統計超級明星、中層星和流星的名單，這應該很有趣；第二，我會針對『首要問題』的主題進行小組討論，藉此釐清癥結點；第三，我會與人力資源部門合作，徵人來填補空缺。

最後，我會著手指導員工，但這需要你的幫助，我不知道該怎麼做。」

「很好，你已經有計畫了。聽起來你已經開始思考我們下次會談的方向了。我很榮幸能協助你指導員工。關於這個問題，我們下週再來討論好了。」

「下週見！」

Note 週一清晨與湯尼的談話

Chapter

正確，就要堅持

堅持正確的做法，
在陷入危機之前，
擬好行動方案。
維護公正的形象，
它是寶貴的領導財富。

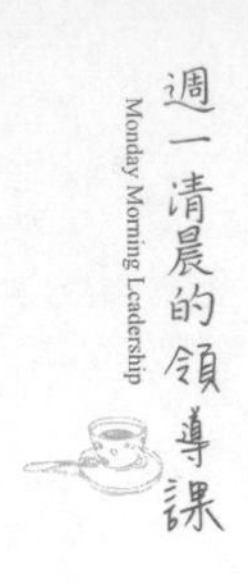

堅持正確的做法，在陷入危機之前，擬好行動方案。

維護公正的形象，它是寶貴的領導財富。

我在早上八點之前就抵達了湯尼家。

「傑夫，請進。今天怎麼這麼早？」

「我有件重要的事情要和您談，今天想多聊一會兒。」我懇求道，「我整個週末都沒睡好，我迫切需要您的建議，湯尼。」

「沒問題。我去沖咖啡，然後我們就開始。」湯尼迅速端了兩杯熱騰騰的咖啡回來，然後就坐進有靠背的椅子裡問道：「好啦，發生了什麼事？」

「我覺得上週又退步了。」我焦躁地說：「當做完超級明星、中層星和流星的統計後，我才赫然發現到，我對

Note 週一清晨與湯尼的談話

人的評價有很大的誤差——有些我認為是流星的人，他們的業績竟然比超級明星好！另外，雖然我一直認為自己已經知道人事資料上面記載的大概內容，但在調出比對後才發現到，過去的半年來，只有一位超級明星的業績有提高。這讓我感到非常意外。」

「而在業績方面，在此之前，我居然誤把每個人都視為中層星，難怪珍妮和查德覺得受到了侮辱。」我的聲音微微發顫。「我發現自己做的事很令人反感。我自以為很精明，但是卻差點犯下不可挽救的錯誤。」

我啜飲一口咖啡，繼續說道：「不過，在與下屬討論什麼是首要問題的部份上，還算頗有進展；而人力資源部門也開始著手進行面試事宜，希望能盡快填補部門內的兩個空缺。

最後，這週我要開始指導員工了。我打算對超級明星

和中層星採取積極表揚的模式，並將試著降低流星的數量。

另外，在這麼多事情中，我的團隊還遇到一件更為棘手的事情。這牽涉到一位算是超級明星的部屬。事情的經過是這樣的：陶德在我們公司已經服務了四年，平時的工作表現出色，與同事們相處也很融洽，可以說是忠實可靠、知識廣博的最佳員工代表。但就在三個星期前，我卻發現陶德會在工作時間偷喝酒。他告訴我說，那是因為正面臨了一些私人問題，才會想要借酒澆愁。他也知道這是不對的。

我向他表示，雖然我能體會他的感受，但上班時間公司嚴禁喝酒，而這也違反團隊的行為準則。我認為我應該做出正確的事，於是我寫了一封信給他，警告他，如果下次再犯就一定開除。

不料上週五卻又被我看到他喝酒。當時約下午兩點，

Note 週一清晨與湯尼的談話

我經過他的辦公室，看到他將威士忌倒進咖啡杯中。陶德應該沒看見我，而我也暫時保持沈默。

沒人知道這件事情，據我所知，其他人也不知道他的問題。我很同情他，知道他很難過，我真的很想幫助他。但一旦人力資源部門知道，我就勢必要開除陶德。

我記得您說過，要提高上層人數而不是降低底層人數。如果我解僱他，加上之前的職缺，總共就會空出三個職位，而且我又會再失去一位超級明星。對公司而言，這不啻是雪上加霜。

我想我應該『忘記』週五看見的事情，只要密切觀察他以後是否再犯就可以了。您認為如何呢？湯尼。」

湯尼的話語中流露出同情：「我了解你的難處，傑夫，我也遇過類似的問題。這件事的確讓人頭痛。我不打算告訴你該如何做，你必須自己做決定。不過，我要問你

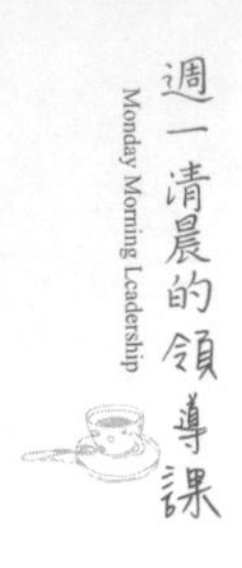

幾個問題，誘導你做出正確的決策。」

「首先，陶德真的知道公司關於工作時不能喝酒的規定嗎？」

「他知道。」我點頭，「實際上，三週前在業績討論會上，我們曾仔細討論過這個問題。他甚至簽署了一份文件，表示他很清楚公司規定，也知道違反的結果。」

「那麼你認為這項規定合理、公平嗎？」湯尼問道。

「我認為是的。」我回答。

「如果是一名流星在工作時喝酒被抓到，這時你會怎麼做？」

「簡單。」我說，「我會解僱他。不過，事情不是這麼簡單，陶德雖然有私人問題，但他是個超級明星……我想，我或許應該降低一些道德標準。」

湯尼在問下個問題之前停頓了一下：「那麼你認為怎

Note 週一清晨與湯尼的談話

麼做才對呢？」

「我不知道。」我回答，「我同情他，也想幫助他，但他違反了公司規定。也許正確的做法是讓他離開；但是我卻會為這個決定付出代價，因為空缺的職位又會立刻多了一個，超級明星卻會少了一個。坦白說，這違背我的初衷。」

「好吧，傑夫。讓我們從兩個不同的角度來思考這個問題。

你不時提到，如果要辭退陶德，將會減少高標部屬的人數；但我卻和你持不同的看法。在我看來，你的話聽起來像是在為他的過錯找藉口。

在你辯解前，我先解釋一下。你應該看的是公司的未來，而不是眼前的利益。短期目標其實很容易達成，只要警告下屬、支付高薪，或是滿足他們的需求，就可以辦

到了。

但長期目標卻很難達成，因為那必須透過一套完備的準則來長期執行。這套準則需要員工的意見，同時你也必須根據他們的行為——積極或消極的——採取相應的對策。這時，主管的態度很重要，一定要堅持遵守這套準則。

有些員工在某方面可能是超級明星，但在其他方面卻可能是流星。陶德就是如此，你因為他的業績而將他視為超級明星，然而，依公司規定來衡量時，他卻是流星。因此，你應該將他當成流星來處理。

而從另一個角度來看，我非常認同『做正確的事』的原則。簡言之，就是即使沒人看見，也要做正確的事。當然，做正確的事並不容易，有時真的很困難。但切記，做正確的事始終都是正確的。

如果現在你沒有一套完備的準則或標準，就很難知道

Note 週一清晨與湯尼的談話

怎麼做才是對的。而就目前情況來看，你應該有相當的能力做出正確的判斷。

當人們陷入危機時，例如像你現在的狀況，往往很難立刻判斷出什麼是對的；就我的觀察，大部分的人往往在危機中無法做出最佳的決定。那些最好的判斷，往往是在非危機的狀態中預先擬定的。所以，當此情形，你要更仔細地考慮、權衡兩者的利弊。

從一個當飛行員的朋友身上，我學到了一件事。他曾告訴過我，在駕駛員座艙中的意外事故手冊裡，模擬並記錄了飛行中可能發生的一切問題，以及當下應該採取的防範措施。

身陷危險的飛行員不必做決策，只須遵守手冊的規定即可。例如警示燈閃爍，表示飛機的液壓制動器有毛病，這時只要打開手冊，找尋應對之道就可以了。」

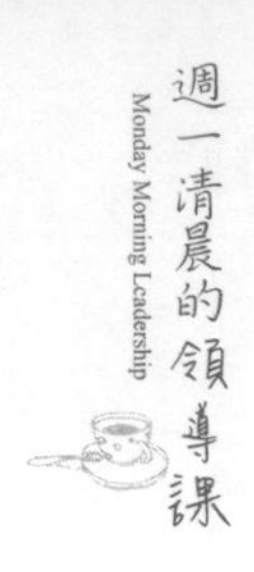

「遇到緊急事件時，飛機瞬間失去控制，要飛行員立刻做出適當的處置是很難的。」湯尼繼續說道。

「在經營過程中出現警報，表示發生問題。有的主管會企圖掩飾，假裝看不見警示燈。換句話說，他們刻意忽視問題——這種做法的確會暫時讓人安心，但失控的狀態卻並未解決，公司仍然是處於危機的狀況之中。

而有的主管甚至是拔掉警示燈。但這麼做的結果，等到他們查看營運狀況時，就會發現公司的問題並未解決。

更誇張的是，有的主管會直接敲碎警示燈，逃避責任。

解決問題的唯一方法，是正視問題，直接找出導致警示燈閃爍的原因並解決它。就像飛行員一樣，在危機發生之前，應該早就有了一套應對狀況的基本方案。

假設你現在陷於困境中，警示燈在閃爍。當然，你可以採取最不痛苦的方式——忽視問題而不採取正確行動；

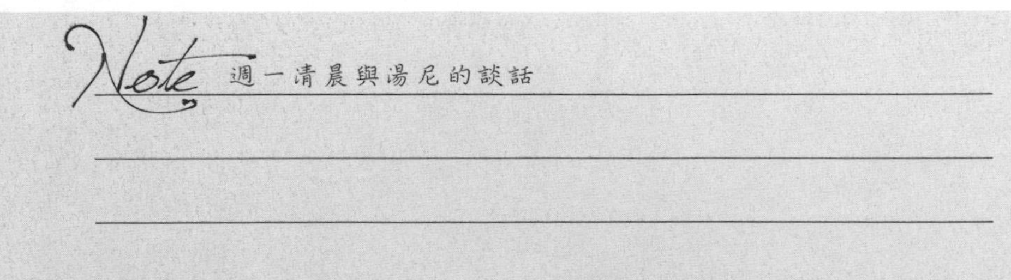

不過，這種做法並無法使問題消失。除非，你找到根本的原因並確實地加以解決。

孔子曾經說過：『見義不為，無勇也。』這正是『做正確的事』的原則。『做正確的事』需要堅韌不拔的毅力，也要守紀律、重承諾、有勇氣。

傑夫，我的第三個問題是，為什麼你認為只有你發現問題的存在呢？一般而言，主管通常是團隊中最後一個知道問題的人，而且看到的多半也只是問題的一小部分。就像冰山的一角那樣，水面上看到的往往只是冰尖，水面下的才是更具破壞性的冰山本體。

越接近，看得越清楚。陶德的同事比你離『冰山』更近，他們可能早就已經在猜測你放任陶德的原因了。

你是領導者，忽視員工的想法絕對是非常不明智的，這種做法等於是豎立了一個壞的榜樣。與公司的規定相

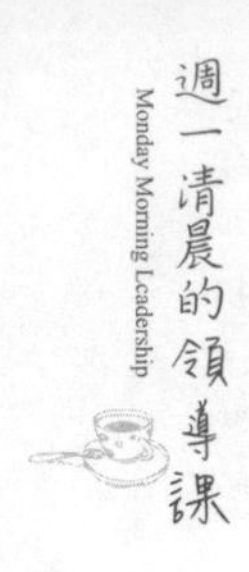

比，員工更在意的是主管到底會怎麼做。主管的決定，對公司的影響遠勝於制式的規定。員工仰賴主管建立『做正確的事』的準則。

忽視問題，是拿你自己的『正直』口碑在冒險。你不公正嚴明，就不能保持部屬對你的信任，而這正是人際關係的根本。傑夫，這點非常重要：**你必須維護正直的形象，並將它視為寶貴的領導財富。**

當然，你才是主管，選擇權在你。你似乎有自己的定見，你想怎麼做呢？」

湯尼的話一針見血，但對我來說卻很難做到。「我知道你說的都是對的。」我回答，「不過，就算暫時不管眼前的問題，堅持『做正確的事』真的很難。我不希望空出三個職位，更不想再失去一位超級明星——他至少在很多時候都能獨當一面。而且，陶德正在飽受私人問題的折

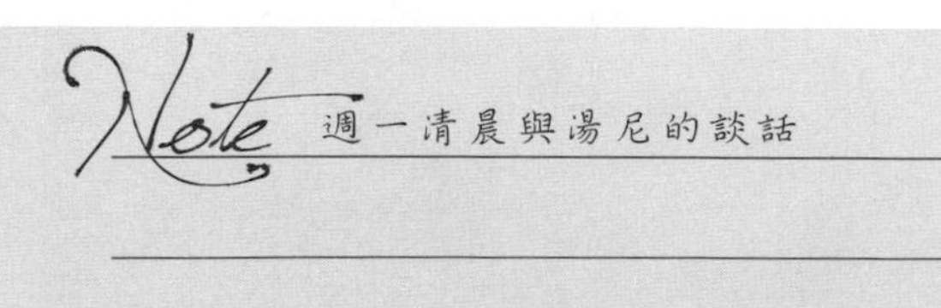

磨，在這種狀況下，我實在也不忍心解僱他。

我希望自己一直都很公平，我也知道他的做法將他的工作生涯推向危機。我想你是對的，我可能不是唯一知道這件事的人，其他的員工也許正在等著我做決定，而他們會根據我的處理方式來評判我。

等我進公司，我想我會先去找人力資源部門，借助他們的幫助來解決這個問題。」

我又做了一次深呼吸。「好吧，湯尼，我已經可以預見下週需要您給予哪方面的幫助，對此您可能不會感到驚訝。您之前提到過，我們將會討論僱用員工的問題，我想我要加快速度了。下週我們討論這個主題好嗎？我想到一些徵人策略了，特別是現在這種情況。」

「傑夫，祝你這週好運。下週我們就來談僱用員工的問題。」湯尼說。「相信處理完陶德的事情後，你的心情

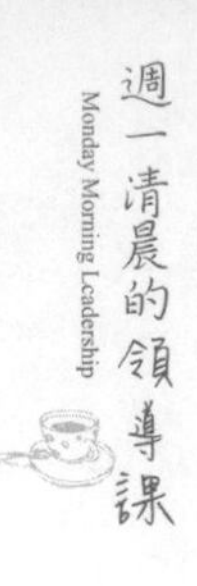

會變得比較輕鬆。你要這樣看待問題：它只是暫時性的，一旦面對，問題就可以立刻解決。希望下週能聽到你的好消息。」

Note 週一清晨與湯尼的談話

僱用合適的員工

公司最重要的財富是團隊中合適的員工。
不要為了填補空缺的職位而降低標準，否則你會為此付出代價。

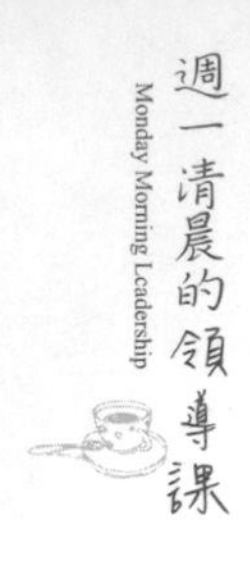

公司最重要的財富是團隊中合適的員工。不要為了填補空缺的職位而降低標準，否則你會為此付出代價。

當我開車到湯尼家時，他已經站在門口了。

「你好，傑夫。」他向我揮手招呼。「我快等不及了。其實有好幾次我都想打電話給你，詢問你這週的工作情況，但我還是忍住了。趕快說來聽聽吧！」

「整體來說，這週挺有趣的。」我開始敘述，「離開您家後，我直接去找助手金討論陶德的問題。她也提到了幾個先前您已提出的問題要點。最後，我們一致認為，在這件事情上確實已經別無選擇了，因為陶德在工作時喝酒，那我們就必須解僱他。」

「於是我與金開始演練解僱陶德時的說辭，這番演練

Note 週一清晨與湯尼的談話

讓我有了充足的心理準備與自信。我讓金參與解僱陶德的會議。我們結算他的薪水，停用他的支票，再把他叫進了會議室。

金在會前建議說，雖然我們的態度要堅定明確，但還是要顧及陶德的自尊及尊嚴。

當陶德走進房間時，顯然他已經知道會發生什麼事了。待他坐下後，我們開始談上班時喝酒的問題。這讓他大吃一驚，他沒有想到我居然會是因為這種『小事』而要解僱他。他指責我沒有同情心，因為他正為私人問題所苦；接著，他說公司沒有他就會垮掉，他比我更像員工的主管。

幸好我和金事先已經做過演練，早預料到他會有這種反應。她說大部分被解僱的人反應都差不多，他們普遍認為錯不在己、主管不體恤下屬、只要改正錯誤就可以被原

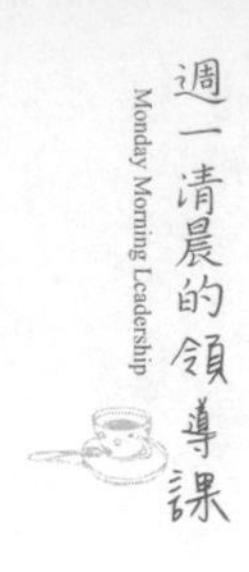

諒等。我不得不承認，金在事前的準備工作中幫了很大的忙。她最後給我的建議是：要記得，是陶德選擇fire掉自己的，我們只是在執行他的決策罷了。這一席話終於讓我的心情感到輕鬆不少。

總之，三十分鐘的談話突然變得十分漫長，讓人備受煎熬。我為陶德感到難過，卻又得牢記我是在執行『他的決定』。最後，他終於不再爭論，拿起支票，整理完辦公桌就離開了。

我花了幾分鐘的時間平復情緒，然後召開每週一次的員工會議。大家都想知道陶德的事情，畢竟他在眾目睽睽之下，收拾私人物品後就離開公司。我告訴大家，陶德將不再與我們共事，當務之急是要盡快找人填補他的空缺。當有人詢問事情的始末時，我依照金的建議，表示不再談論細節，但告訴所有人：我們要團結前進，填補陶德離職

Note 週一清晨與湯尼的談話

後的空白。

令我驚訝的是，消息公布後，我居然聽到了兩名中層星這麼低語道：『終於不必再為陶德掩飾喝酒的事情了！』果然，我雖然不知道自己是不是最後一個發現問題的人，但我知道，自己並不是唯一一個擔心這個問題的人。原來我的下屬們真的都在等著看，我的公正面臨了挑戰。湯尼，你又說對啦！」

另外，員工會議相當成功，我們確認了三個首要問題：

1. 尊重員工；
2. 提供顧客優質的服務；
3. 為公司獲取利潤。

聽起來很耳熟吧？與您在第一次會談中提出的首要問

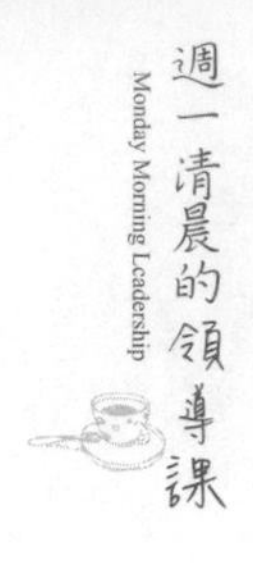

題幾乎相同。

我告訴員工，他們必須牢牢記得什麼是首要問題。如果有人要他們做這三件任務之外的事情，他們有權拒絕——無論是誰的要求。

總而言之，這週大致還算順利。我們努力克服了陶德離職引起的衝擊和問題。另外，陶德的事件讓我發現到——原來金非常了解員工——於是我將她調到人力資源部門。而她也幫我找來二十個應徵者，讓我從中選出三人，在本週三、四、五都安排了面試。快的話，我希望能在這個週末之前把空缺補上。所以現在，我非常想聽到您對僱用員工的建議。」

聽完我的陳述，湯尼說道：「很好。我很高興陶德的事情得到圓滿的解決。傑夫，你做了正確的決定，雖然很困難。我為你感到自豪。」

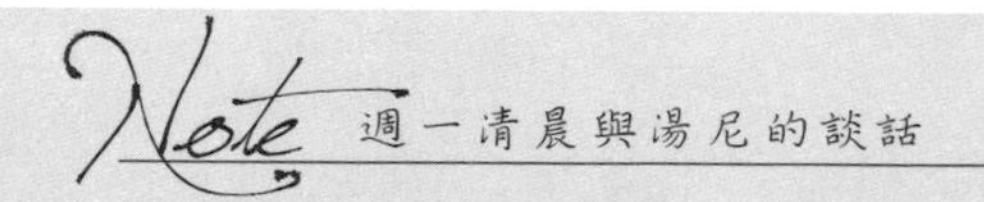

週一清晨與湯尼的談話

「現在我們就僱用員工這個問題開始談起吧！你認為公司中最有價值的財富是什麼？」

「簡單！」我說。「任何公司中，員工都是最重要的資源。員工組成公司。」

「那麼公司最重要的責任是什麼呢？」

這個問題好像稍微難了一點。「我想應該是類似控管產品品質之類的事吧？」

「關於這兩個問題，我都持不同的看法。」湯尼回答。

「我不敢肯定公司最重要的責任是什麼。」我辯解道，「但我知道員工是公司中最重要的財富，這點絕對沒錯！您怎會懷疑這個論點呢？顧客必定是透過員工來認識公司，所以員工當然是公司最重要的財富。」

「我同意你的說法，但這個問題其實有個陷阱。」湯尼糾正道，「公司中最重要的財富，精確點來說，是合適

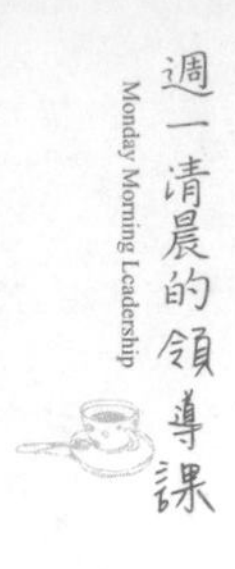

的員工（right people）。如果團隊中都是合適的員工，那麼成功的機會才會極大化。

對公司來說，最優先需要解決的問題是：你的團隊是不是由合適的員工組成。事實上，相較於團隊中都是不合適的員工，競爭者所造成的威脅反而小得多了。

身為領導者，最重要的任務是僱用合適的員工。如果都是工作效率不高的員工，你就不可能擁有實力堅強而富有效率的團隊。

傑夫，現在你剛好遇到不錯的機會。空缺的三個職位可以幫助你改變團隊的風格。透過挑選合適的員工，你可以增加員工的多樣性、創意與團隊活力。」

「你說想在這個週末前物色好人選。」他接著說道，「我覺得這不太合理。你應該精挑細選，讓加入你的團隊成為一種『榮耀』。如果你懂得精挑細選，那麼之後的管

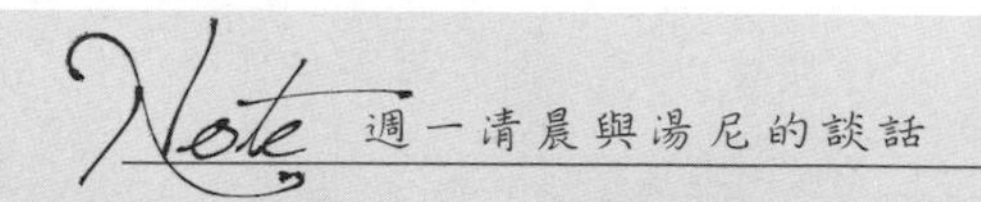

理才會變得更簡單。」

「你的選擇不是精挑細選、輕鬆管理，就是輕鬆徵人、困難管理。我可以保證，你的最佳選擇是把時間花在前一種方案上，這樣找到合適的員工後，管理就會變成一種享受。

不過，在開始面試及應徵人之前，你首先應該了解的，是自己是不是一個恰當的面試官。我不是在貶低你，也不是說你做得不好，只是我想，你可能並不熟悉面試的技巧；如果確實是如此，你最好借助公司的體系來幫你做決定。我相信人力資源部的金能為你指點迷津，你可以邀她加入面試的行列。

接著，讓我們來談談面試時的三項要點：

首先，面試最容易犯的錯誤就是缺乏準備。不能在求職者登門時才開始準備，更不能以這種隨便的心態來對待

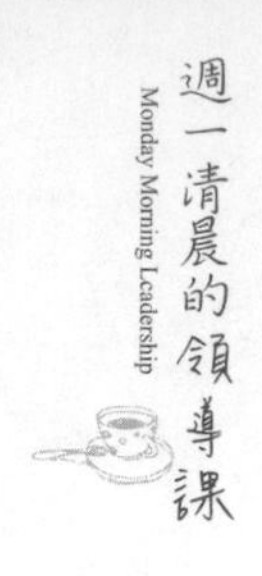

可能會成為公司最寶貴財產的員工。提前準備好問題，這樣你才可以專心傾聽並給予正確的評價，而不是在面試過程中絞盡腦汁地想下個要問的問題。

另外，有的主管會犯下感情用事的錯誤，例如會想要盡快填補空缺職位以節省心力——這種想法會讓你因為倉促而挑到不合適的員工。我建議你讓金或人力資源部的其他人從旁協助，避免發生這種問題。

第三項徵人的要點是，每個職位至少要面試三個符合條件的應徵者，每個人面試三次，要有三個人對他們進行評估。我知道這做起來費時費力，但是切記，務必精挑細選。

金為你篩選了二十位符合這三個職位要求的人，使你的選擇變多。在第一輪面試後，把範圍縮小到九名最佳的應徵者。如果是我，我會安排這九名應徵者在不同於前次

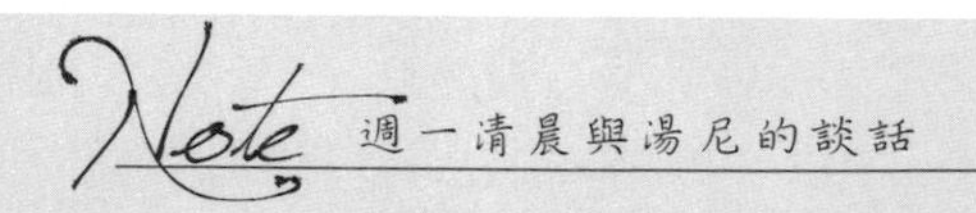

面試時間前來面試。換句話說，若某人初次是在早上面試，下次就約下午或晚上，藉此觀察對方在不同時間的表現。

除了你與金之外，你還可以讓一位超級明星參與。他可以針對應徵者是否適合現在的團隊來提出建議。

如果一時還無法找到合適的人，就繼續徵才。不要為了填補一個空缺的職位而降低標準，否則以後你會為此付出代價的。

時間差不多了。告訴我，下週你會採取什麼行動呢？」

「我會放慢徵人進度，要做就做好。我的目標是精挑細選，讓加入我們的團隊成為一種榮耀。其次，我要讓金和某個超級明星一起參與面試。我會遵照您提出的三項徵人要點，當成求才的標準。」

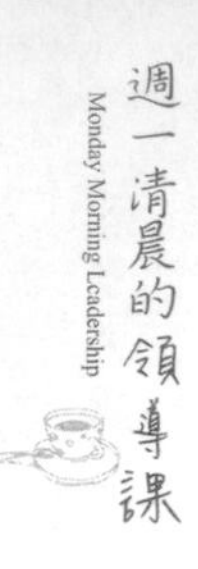

「我知道這是非常重要的決策，我要全力以赴做到最好。」說完之後，我又仔細回想了一遍湯尼的建言。

「傑夫，你是個好學生。我可以感覺到，你對這次徵才懷抱極高的熱情。好好地精挑細選一番吧！」

「下週見。」

Note 週一清晨與湯尼的談話

Chapter 06

效率！效率！

規劃時間是自己的責任。
只要能夠控制自己的時間，
就可以控制自己的生活。
透過釐清事情的輕重緩急，
並進行合理統籌、減少干擾、
有效地管理會議，
就能擠出更多時間！

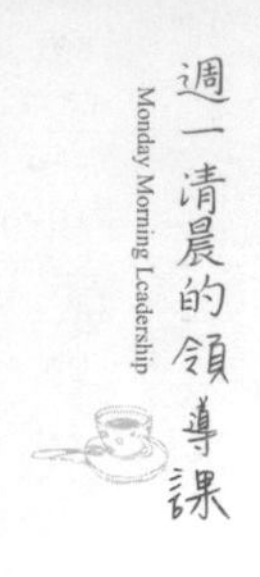

規劃時間是自己的責任。只要能夠控制自己的時間，就可以控制自己的生活。透過釐清事情的輕重緩急，並進行合理統籌、減少干擾、有效地管理會議，就能擠出更多時間！

我非常期待週一與湯尼的清晨約會， 所以一早就起床了。工作上的問題逐漸解決後，感覺輕鬆多了。

當我開車進入湯尼家前面的車道時，時間尚早。按完門鈴，湯尼就出來開門了。他一如往常的魅力十足。「早安，傑夫。」他說，「情況如何？找到合適的人才了嗎？」

「事情相當順利喔！湯尼。金和我面試了二十位應徵者，這真是件繁重的工作。然而，金提供了一套完備的方

Note 週一清晨與湯尼的談話

式，我們把二十人減少到九人。最後一輪面試安排在本週的星期三、星期四和星期五。下次見面時，我就會選出三位最適當的人才了。」

「我想告訴您，上週與您談過話後，我對徵才的過程變得重視許多。」我坦白道。

「不過，這的確很耗費時間，我幾乎沒空做其他事情。這是我想向您請教的問題——我該怎麼做才能兼顧其他工作呢？

雖然每週的會談讓我在工作上進步很多，但我卻仍舊無法掌控時間，真教人沮喪。我希望保留更多的時間給同事和家人。」

「傑夫，這跟你第一次會談時的說辭差不多：『怎麼辦，我控制不了自己的時間。雖然日以繼夜的工作卻仍是做不完。』在我看來，你好像把管理時間的問題歸咎於不

可抗力的因素。我問你一個問題：除了你之外，還有誰能花用你的時間呢？」

「您說的話似乎重了點？」我辯解道，「我只是說，我的時間好像被一些超出控制之外的事情佔據了，我沒時間去做必須、而且是我想做的重要事情。」

「我為我的尖刻感到抱歉。」湯尼向我道歉，「其實我只是想說，安排時間是你自己的責任，只有你自己才能解決這個問題。你的團隊要靠你來統籌規劃，而這其中當然也包含了你的個人問題。」

「壓力、焦慮和苦惱的主要原因在於你覺得生活失控了；只要能夠駕馭自己的時間，自然就可以輕鬆享受生活。

雖然有時我們無法改變那些必須固定耗費的時間，例如排隊、等紅燈、等電梯等，但是工作的時間卻能自由調配。

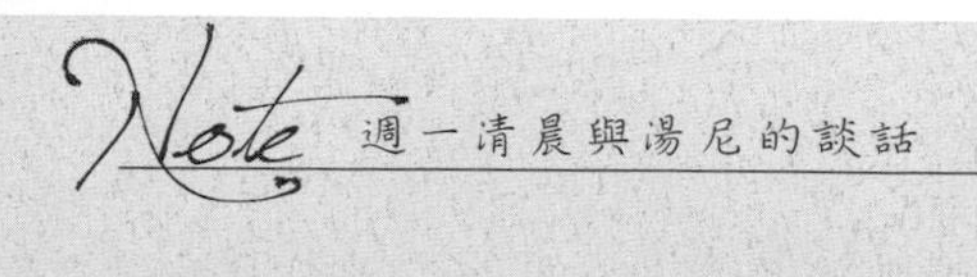

傑夫，我研究時間管理很多年了，這是我的樂趣之一。我發現，時間管理沒有捷徑。我從未遇過有人能因為把事情做好而多出兩、三個小時來；但是我見過許多人因為適當的調整工作模式，合理安排時間，而多出一、兩個小時的時間。

如果你想充分利用時間，就要想辦法一點一點地擠時間——這兒擠一分鐘、那兒擠五分鐘，所有的零碎時間加在一起，就有更多的時間可支配了。

我還發現，很少有能讓人操勞過度的工作，但許多人卻經常因為沒安排好時間而疲憊不堪。多數人都不知道可以透過倍化工作的模式來解決時間問題，只要想辦法縮短任務、去掉累贅的環節、合併瑣碎的工作，就可以輕鬆做事；但往往，我們卻只因加倍地做錯事而造成了進度的延宕。

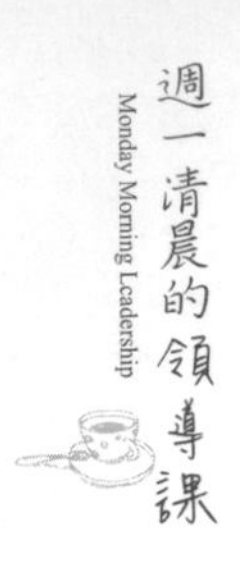

事實上，每個人的時間都是固定的，不能把今天的時間挪給明天，也不會有多出來的時間。因此，如何善用時間就是一門很重要的課題。

充分利用時間的方法只有兩種：一種是少做事，另一種是加快工作節奏。沒有其他選擇。當然，有些事可以拋在一邊根本不做，但是就今天的會談而言，唯一的選擇還是加快工作節奏。

那要怎樣才能加快節奏呢？我們來討論一下。

首先，你要釐清現在的時間都花在哪些方面，由此著手，重新調配。

為了找出答案，我建議你回顧前兩週的工作時間，再根據這份資料進行調整，決定出最有效率的模式。如此一來，你將發現時間是由我們『做的事情』和我們『做事的方法』兩者決定的。由此，我們來思考兩個問題：

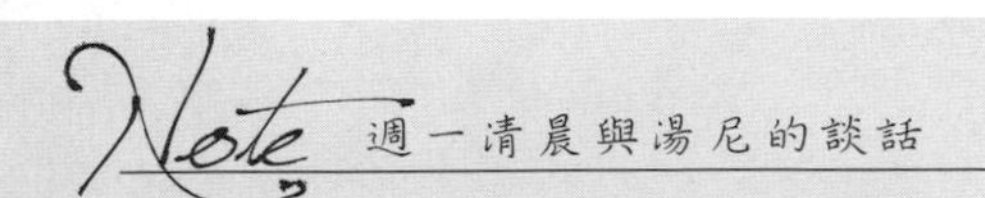

1. 我們花在『主要的事務』和『錯誤的事務』上的時間各有多少？
2. 我們花在『正確的做法』和『錯誤的做法』上的時間各有多少？

下面的表格寫明了開會時安排時間的四種模式：

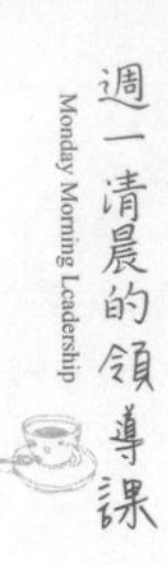

我們的做事模式		
我們做的事情	**主要的事務，做法正確** **舉例** 召開有效的、必要的會議	**主要的事務，做法錯誤** **舉例** 在一次重要的會議中浪費兩小時的時間
	錯事做對 **舉例** 把一次沒必要的會議開好	**錯事做錯** **舉例** 在一次沒必要召開的會議上浪費每個人的時間

我們做的每件事都可以歸入這四種模式之中。回顧前兩週後，你就可以發現自己其實能做出更好的決策。

如今，你已經在部門中明確界定了首要的事務，那麼

Note 週一清晨與湯尼的談話

現在把你的工作進行分類——你做了主要的事務嗎？做得怎麼樣？

只要遵守三個原則，主管們就可以巧妙地運用時間，亦即：

1. 理清事務的輕重緩急並進行合理統籌；
2. 減少干擾；
3. 有效地管理會議。

在為會談做準備時，我收集了一些自己在這三方面時間調配的最佳技巧。我們先來談談『理清事務的輕重緩急並進行合理統籌』這一項。

不知道你有沒有聽過帕雷托法則（Pareto Principle）——80％的結果緣自於20％的行為。這是一位名叫阿爾弗

雷德·帕雷托的義大利經濟學家，於十九世紀時發現的法則。一開始，他注意到義大利20%的人口控制了80%的財富，於是他開始深入研究；結果，他發現這個80／20法則適用於許多的事情。帕雷托法則同樣也適用於時間管理。你應該要知道哪些行為的獲利最高，避免做獲利較少的事情。

每個時間管理的權威都會告訴你：文件，只要且必定要接觸一次。文件管理的關鍵在於『不斷地傳送』。絕對不能讓文件卡在那裡。雖然只看一次文件有點不合理，但不論是遵照文件的內容行事、傳遞給下一個執行者、或是單純地把文件存檔，這些或許會花點時間，但都能讓文件活動起來；如果完全不看文件、不做任何評價，也不採取任何行動，那更是浪費時間。

我有一招最重要的技巧：

Note 週一清晨與湯尼的談話

每天都留出一段不受干擾的時間來做計畫。

持之以恆雖然有點困難，但是我發現：與其浪費九十分鐘，卻因不斷地被人打擾而無法有效工作；不如挪出三十分鐘，在不受干擾的情況下進行規畫與執行，這往往反而能讓事情快速解決。如果你空不出三十分鐘的時間，十分鐘也可以。那會對你的時間投資帶來豐碩的回報。

另外，還有幾點小訣竅。例如：

檢查放入文件櫃中的每份報告，決定是否有必要看這份報告。不須看的就清走；只有幾行字是重要的，就請寫報告的人交這幾行字即可。

清理辦公桌。很多人的辦公桌都雜亂不堪，沒有分類。桌上堆滿東西並不會讓你看起來更像重要的人物。凌亂的辦公桌會讓人覺得你沒有條理，而且你還要不時在桌

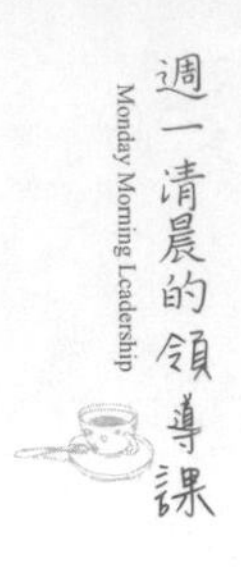

上翻來翻去地找東西。

控制回覆電子郵件的時間。你是不是每隔三十分鐘就會檢查一下電子信箱呢？我每天都會收到大量的電子郵件——光是回覆，就必須耗掉一整天的時間。於是，我把回覆郵件這個動作排入時間表中，這樣電子郵件就不會干擾我的時間了。

集中處理所有的事情，這樣就不必整天都忙著開始和結束。例如一次處理完所有的語音信箱，一次回覆所有的電話，一口氣寫完備忘錄和信件。總之，要盡量減少從做一件事轉到做另一件事的次數。

還有一種做法可以幫你每天節省十分鐘或十五分鐘的時間，那就是在中午十一點或一點鐘吃午餐。如果每個人都集中在中午十二點整外出用餐，那這樣每天都要耗費時間在等電梯或在餐飲店前排隊，結果就是浪費了我們珍貴

Note 週一清晨與湯尼的談話

的休息時間。」

湯尼頓了一下，然後繼續說道：「接著，我們來談談時間管理的另一個重要關鍵點——干擾。大部分的人都不知道誰在干擾他們，或是不知道他們為什麼被干擾。不妨觀察一下，誰總在干擾你、又是什麼原因讓你受到干擾。然後再根據結果找出因應之道。

即使你無法阻止別人的干擾，也可以縮短他們干擾你的時間。一般說來，干擾者浪費的時間與干擾者的舒適程度成正比。千萬別讓干擾者坐下，別讓他在你的辦公室中覺得輕鬆自在。當有人走進你的辦公室時，在他坐下之前立刻故作禮貌的站起來。

還有，辦公室的陳設也會對你自身造成干擾，佔用你的時間。建議你重新擺放桌椅，避免桌子正對著人潮，如果你經常盯著外面來來往往的人，不知不覺間也會浪費你

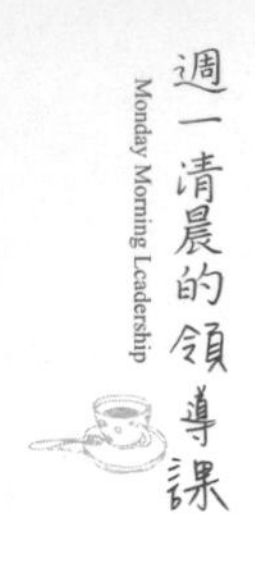

很多時間。

另外，盡量把需要商談的事情集中在一起，一口氣討論完，避免一遇到問題就去打斷別人。與下屬和主管安排的一對一會談，也可以因為『集中』而得到不錯的收穫。

請試著詢問下屬：『我做的哪些事會浪費你們的時間或妨礙你們的工作？』有些回答應該會令你大吃一驚。這種做法有助於節省你和整個團隊寶貴的時間。」

「最後，我們來談談最浪費時間的事情——開會。

傑夫，我曾經參加過各種大大小小的會議。我發現，如果每個人都事先有所準備、準時，而且議題集中，那麼只需用一半的時間就可以開完會。每個人平均每年耗費在毫無效率的會議上的時間約二百五十個小時，這實在太浪費了。讓會議更有效、更簡短吧！

不要感染了『永遠都定期召開會議』的傳染病，而是

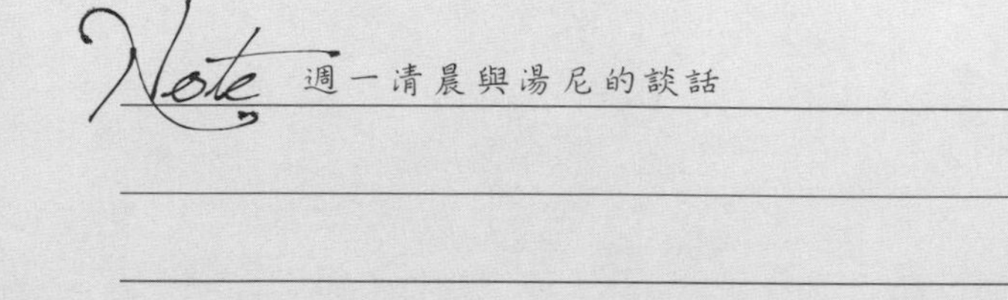

要在有必要時才開會。例行會議不是一種回報豐厚的投資，除非它有助於實現目標。

將最重要的議題排在會議開始時討論，這樣才不會有所遺漏，也才不會因為過於匆忙而忽略細節。

就算有人遲到，也不要重複已經講過的事情。重複說過的話，代表獎勵懶散的人，而懲罰了準時的人。

最簡單、最有效的時間管理法是準時開會、準時結束。延遲開會時間是無禮且糟糕的投資。十人的會議，每個人都遲到三分鐘，就等同於浪費掉三十分鐘的生產力，切記要準時啊！」

湯尼對我點了一下頭，最後說道：「我只說了幾種充分利用時間的重點，其實方法還有很多。建議你花時間讀一些時間管理方面的書籍，尋求其他節約時間的技巧。」

「而談到時間，這次會談的時間又到了。」湯尼說

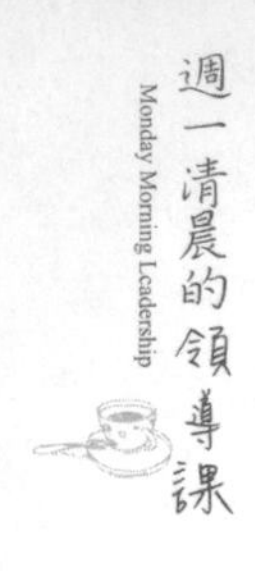

道。「你本週會怎麼做呢？」

「我要完成徵才的工作。」我回答，「這是本週的工作重點。在您講話時，我對我召開的會議做了番回顧，發現應該可以為團隊和自己節省更多的時間。我還要留意誰會干擾我，以及我干擾別人的次數。如果我是下屬的頭號干擾者，我會感到內疚的。另外，我要去買一本時間管理方面的書，尋找幫我控制時間、控制生活的其他方法。」

「很好，傑夫！」湯尼熱情的鼓勵堅定了我的決心，「從中篩選實用的技巧。我知道你一定可以為自己和家人找到更多時間。」

「下週見！」

Note 週一清晨與湯尼的談話

桶子和杓子

裝桶的四大方法：

1. 掌握首要目標；
2. 提出對業績的回饋意見；
3. 表揚員工；
4. 適時給予團隊評價。

你越努力裝桶，

自己的桶也會越充盈。

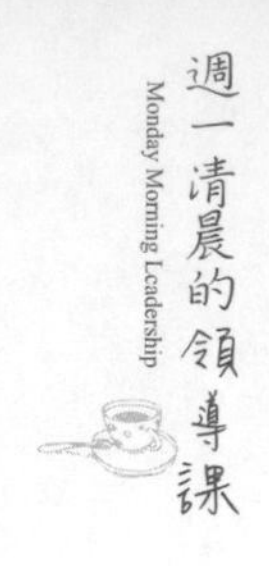

裝桶的四大方法：

1. 掌握首要目標；

2. 提出對業績的回饋意見；

3. 表揚員工；

4. 適時給予團隊評價。

你越努力裝桶，自己的桶也會越充盈。

我在早上八點半時迅速趕到湯尼家。他在門口迎接我。

「傑夫，今天好嗎？上週的工作進展如何？」他邊問邊帶我走進書房。「有合適的人可以填補空缺的職位嗎？找到管理時間或充分利用時間的方法了嗎？當然，我還想聽聽你的工作團隊的狀況。」

「我整個週末都很期待週一清晨的會談。上週一切進

Note 週一清晨與湯尼的談話

行得非常順利。金和我完成了徵才事宜，招收到三名最合適的人才。」我說。

「其中兩位將在兩週內上班，但另一位卻放棄了這個機會，他仍想留在原本的公司服務；所以，一開始我打算把這份工作交給另一個候補的應徵者，但是馬克（協助徵人的一位超級明星）卻說這位候補並不太適合我們的團隊。他建議我們再找一位更合適的人。

我聽從您的建議，要精挑細選，不降低標準，於是我請金重新開始尋找合適的人選來填補最後一個空缺。事實上，我對這兩名新進人員充滿期待。

另外，我嘗試了幾種管理時間的技巧。例如，在我開始記錄各項工作的時間後，結果我才發現，我浪費太多時間在不重要的事情上面了；而且我還發現，每天至少會被某位同事干擾六次。當我讓對方看我們每天交談次數的記

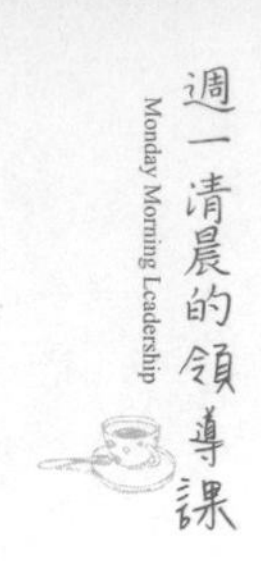

錄時，連他自己都不敢相信他打了那麼多通電話給我。

於是，我和他約定，每天上午十點和下午三點固定開個小會，好一次把事情處理完畢。我猜您會把這個稱之為『集中』。

還有，這週我試著把每週例會的時間盡可能的縮短一半。以前無論是否有必要，會議一定會持續一個小時；然而上週，我們居然只花三十分鐘就結束了！比預期的時間快了一倍。您知道嗎？我們真的做到了。就像您所說的，這次的會議我們從最重要的事情開始討論，最後，不但順利解決掉所有議題，而且由於提早結束，那天我們每個人都多出了三十分鐘的時間。於是我想：這個空檔，不正是一段沒人干擾，最適合用來作計畫的完美時段嗎。

我想測驗一下您的理論——不被打擾的三十分鐘，工作效率會大於不斷被打擾的九十分鐘。果不其然，您說的

Note 週一清晨與湯尼的談話

沒錯！原本有些喜歡說風涼話的人認為，三十分鐘無法完成九十分鐘的工作量，但事實證明，這三十分鐘的工作效率至少多了一倍。實在太神奇了！

湯尼，您的建議太棒了！雖然我還有努力空間，但我現在覺得自己對時間的掌控已經越來越得心應手了。我還買了一本時間管理方面的書，一有時間就拿起來翻閱。」

「現在你可以開懷大笑了吧？」湯尼笑道，「上週你做了正確的選擇。聽起來即將加入你們團隊的新員工很有才幹，而且你對於時間的運用也頗有心得，我很為你高興。」

「此外，如果我是你，我會去請查德和珍妮回來工作。既然你已經知道他們是超級明星，就表示他們對公司有不小的貢獻。雖然你必須放低身段去請他們回來，但這是值得的。

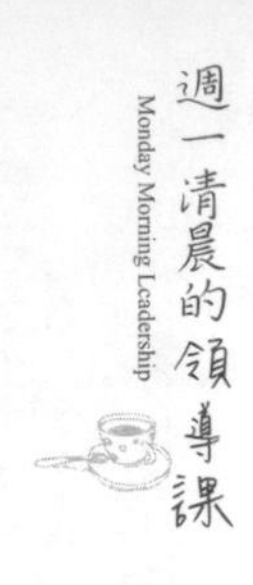

來，你先打開筆記本看一下，當時與查德和珍妮的談話記錄中，他們曾提到期望你能做到三件事，你還記得是哪三件事嗎？」

「讓我看看。」我翻到筆記本的前面。「他們希望我僱用優秀的員工；指導團隊中的每個人，讓他們足以勝任職務；解僱混水摸魚的員工。這是您要問的嗎？」

「是的。」湯尼回答，「截至目前為止，你認為『我們』在這三方面做得如何？」

「我想在僱用優秀員工方面已經有了長足的進步。」我回答，「湯尼，您真是太有遠見了。

對員工，我現在懂得要精挑細選，而金在整個徵才過程中也給予了我有力的支持。新徵得的兩位員工，目前，我非常滿意。

至於指導員工，讓他們足以勝任工作這方面，則沒有

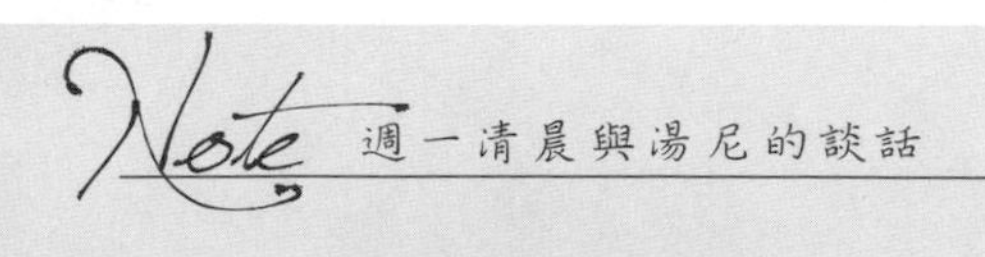

太大的進展。我確實開始關注超級明星和中層星，但是對他們的指導卻嫌不足。

最後，我想解僱陶德是勢在必行的事。我原本以為他是超級明星，直到發現團隊中的其他人在為他掩飾過錯，才知道自己錯了。我想我在管理黑洞中浪費了太多的時間。

我想，在解僱更多人之前，我必須先明確地找出自己的期望，同時也應該對員工進行完善的培育訓練。在執行的過程中，我也發現到，原來業績記錄其實並不能準確地反映出真實的業績情況。因此，在培訓與解僱員工方面，還有許多亟待解決的事情。」

「傑夫，至少在查德和珍妮所提出的三件事上，你都已經開始有所進步了。」我的良師鼓勵道。

「礙於時間的關係，我們先來談談如何指導團隊中的每位員工，讓他們足以勝任工作吧！

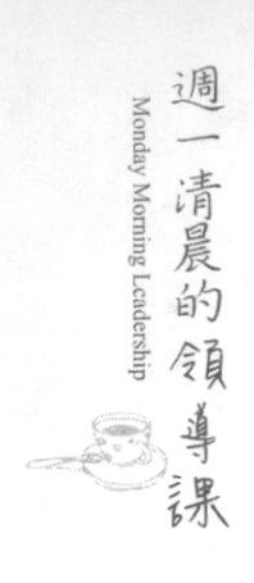

今天我並不打算討論提高業績的問題，我想將重點放在表揚員工，以及與團隊中每位員工的溝通上。

幾週前，已經討論過『管理黑洞』這個主題。我們有時會因為忽視團隊中的重要問題而陷入管理黑洞之中。所以，無論你的職位是什麼，都要牢記兩件事：

首先，業績是團隊共同努力的結果。尤其，當你是領導者時，雖然你的員工需要你——你是個重要人物。然而，你的成功並非完全源於你自身的努力，而是下屬的功勞。

其次，你對團隊的需要遠勝於團隊對你的需要。不要誤會我的意思，我是指你與員工彼此都離不開對方，但是團隊中所有員工的貢獻加在一起，絕對比你一個人的貢獻更大。」

「為了證明我的觀點，就舉個例子來說好了：當我們

Note 週一清晨與湯尼的談話

兩個共處的這個時候，公司裡頭又有多少工作已經完成了呢？」如同往常，湯尼提出的問題總是一針見血。

「雖然我不在公司，但是員工們大概已經完成95％的工作了吧！」我承認道。

「好的，我同意——95％也許是個比較保守的數字，有些員工可能會說是105％——因為你不在時，他們說不定還可以做得更多。不過就暫且先以你說的95％為基準。」

「現在，假設你的十七名下屬與我在一起，你一個人留在辦公室中，那麼你能做完百分之幾的工作呢？」他問。

「不多，我大概只能做完10％的工作。」我老實地回答。

「你的團隊能完成95％的工作，而你只能完成10％的工作，那麼你認為誰需要誰呢？顯然你們彼此倚賴。別忘了，你要幫助團隊中的每個人勝任他們所執行的工作。既

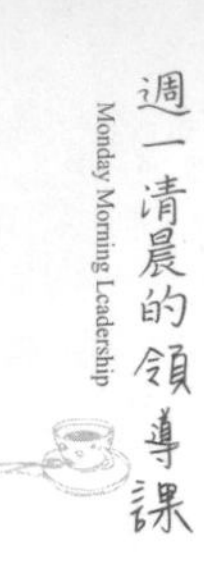

然他們把一部分的生活託付給你，你就有責任幫助他們成長。於公於私都是如此，所以你要盡全力協助他們成為傑出的人物。

打個比方來說：每個人都有一桶子的動力，桶子可能是滿溢的，也可能是空的，甚至可能迫切需要灌滿；而一旦桶子有了漏洞，即使再努力，桶子裡的動力仍然會快速流失。

另外，每個人也都有一把杓子，而有些人的杓子又大又長，老喜歡放進別人的桶子裡偷撈。他們的杓子代表玩世不恭、消極、迷惑、壓力、懷疑、恐懼、焦慮及其他消磨旁人希望和積極性的情緒。

身為一名領導者，你要讓每個人的桶子裡都是滿溢的；你是主要的裝桶人，而最佳的裝桶方法是良好的溝通。但要如何讓下屬的動力桶總是保持充盈呢？你必須做

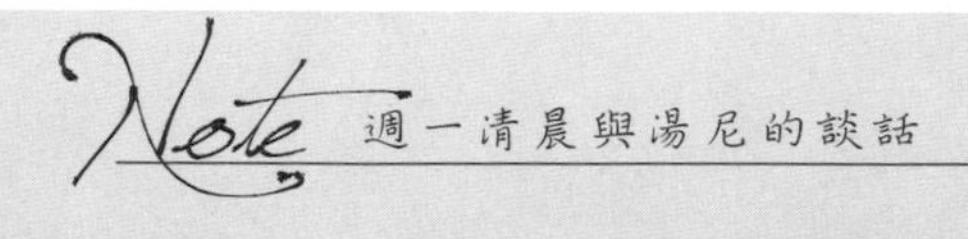

到四件事：

第一，如果想要保持桶子的充盈，那麼你就必須先知道哪些是首要事務，這對工作的執行方向而言相當地重要。先前我們已經談過這個問題，而你和你的團隊也已經知道哪些是首要問題了；反之，如果員工不知道方向，他們的動力桶就會有漏洞，甚至可以說是像佈滿彈孔的桶子一樣完全裝不了東西。有目標的領導者可以為他的員工裝滿桶子，但製造混亂和矛盾的領導者則會手持杓子，舀光他人桶中的東西。

第二，要向這些桶子的主人回饋意見，告訴員工他們應該怎麼做才能更好。如果你以為稱讚員工的表現就可以讓桶子滿盈，那你就錯了；讚揚員工雖然可以在短期內把桶子裝滿，但這些動力卻也會很快的蒸發掉。

我的意思是，記錄績效、評估績效等固然很重要，也

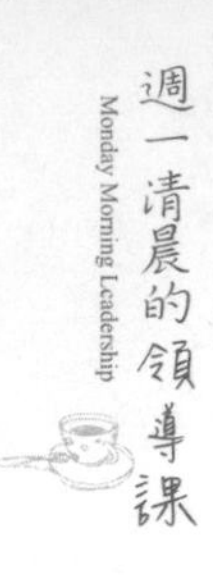

絕對有其必要性。但那些卻不會形成長期的動力。對於員工而言，能夠知道自己在任何的時候該做什麼、怎麼做才對，那才是最重要的事情。給你一個忠告：想把桶子裝滿的立意很好，但若不能及時提出有效的回饋意見，桶子仍是很快就會空了。

還有一點很重要，就是態度要誠摯。不誠摯地提出回饋意見，員工無法感受到你的用心。虛情假意的回饋是舀空他人桶中之物的一把大杓子。

同時，想要把桶子裝滿，明確的回饋意見也是必要的。不點明讚揚或指正的對象是誰，他的桶子就不會被裝滿。因為提桶者猜測你的意圖時，會心生懷疑，最終導致桶子裡動力的傾洩而出。

另外，要及時回饋。裝桶前等待的時間越長，他人把杓子伸入桶中、或是桶子破掉的機率也就越大，最後可能

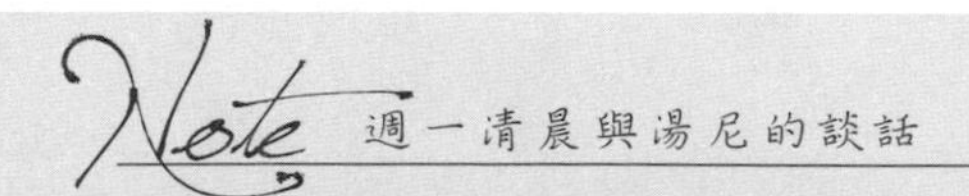

反讓你徒勞無功。

當然，回饋的意見須與持桶者的價值觀一致，避免以『對你重要、對別人不重要』的東西來裝填他們的桶子。桶子存在於提桶者的心中，而不是裝桶人的心中。

第三，讓下屬知道你很在意他們，也很關心他們的工作。用來表達你的關心或是填滿團隊桶子的方式有很多種，例如薪水就是其中之一，但如果你只在遞給他們薪水時裝滿桶子，那麼桶子很快就會枯竭。試著找出對團隊成員奏效的裝桶方法，並藉此不時地裝滿員工們的桶子吧。

約有十二種方法可以讓你的下屬們知道你很在意他們，這些方法就我的經驗而言，效果絕佳：

1. 讓員工參與重大決策，聆聽他們的意見。他們有時能提出最適當的建議；

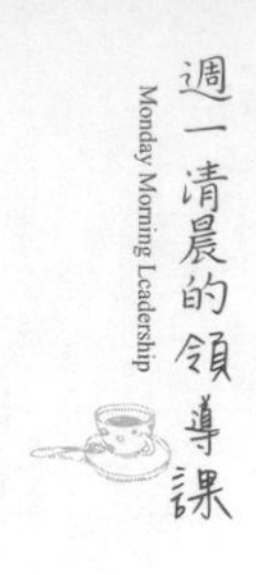

2. 隨時記住提桶者及其家人的情況。多數人喜歡向他人訴說自己家中發生的事情。在你傾聽的過程中，他們會感受到尊重與關懷，因而能夠填滿他們的桶子；
3. 為員工倒咖啡。倒咖啡是件簡單的事，卻能讓員工心存感激。這是種輕鬆把桶子裝滿的方法；
4. 寫感謝信送到員工家中。在帳單和廣告信氾濫的現在，一封措辭懇切的感謝信，對裝滿桶子大有裨益；
5. 送部屬一張感恩卡片。你的成功建築於他們的努力之上，還有什麼人更值得你感謝呢；
6. 要求超級明星做中層星和流星的良師益友，如果成功，這將是種雙贏策略，因為每個人的桶子都裝滿了；

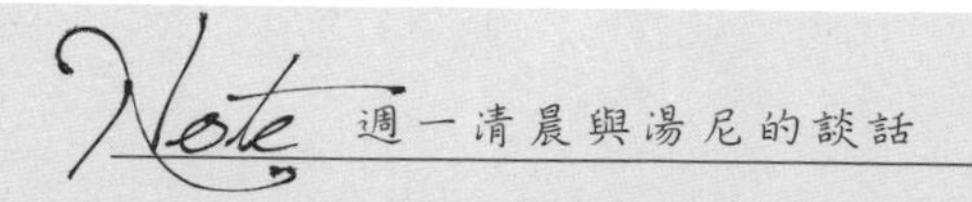

7.貼近員工，記錄每次重大的裝桶事宜；
8.在公司裡種一棵樹，表示對團隊的敬意；
9.成立有書籍、錄影帶和雜誌的圖書館，時時整理更新。員工的休閒與心靈層面得到滿足，也就可以很自然地裝滿他們心中的桶子；
10.用員工及其家人的照片做一面『榮譽牆』；
11.遵守裝桶的黃金定律：以員工期望的模式對待他們；
12.增加與員工相處的時間。有時，只是站在員工身旁表達你的關心，就會自動填滿他們的桶子。

最後，讓員工知道團結的好處，讓每個人都樂於成為成功團隊的一員。只要員工能時刻保持清醒的團隊意識，就能明確知道自己是否正在往目標邁進。

因此，你要做到四個重點：

1. 知道什麼是首要目標；
2. 提出對業績的回饋意見；
3. 表揚工作出色的人；
4. 適時給予團隊評價。

只要做到這些，那麼相對地，員工也會主動關切你的需求，他們會自動思考到底應該怎麼做才能裝滿你的桶子——你越努力裝桶，自己的桶子也會越充盈。」

湯尼瞥了一眼手錶。「時間到了。你本週有什麼計畫呢？」

「我打算做幾件事。第一，打電話給珍妮和查德，詢問他們是否有興趣再回來公司。我會告訴他們調整後的決

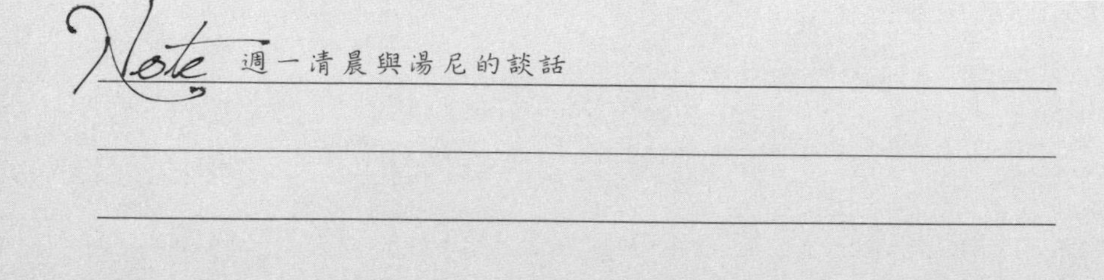

策，以及未來的目標。」

「我喜歡你的裝桶比喻，我想我會把這個點子與同事分享。如果我們都讓杓子遠離他人的桶子，我想我們會變得更有幹勁、更有效率。嗯，或許解說的時候，我可以給他們每人一個桶子、一把杓子，幫助他們理解這個比喻，也當作是一種娛樂。」我說。

「很好，傑夫。祝你成功地請回珍妮和查德，心想事成。下週是我們最後一次會談了。我們將談談你自己，討論如何努力才能達到個人目標。下週見。」

Note 週一清晨與湯尼的談話

進入學習地帶

進入學習地帶，
脫離舒適地帶。
每天閱讀十分鐘、
聆聽員工的意見、
與主管保持互動、
訂定目標、保持自信。

進入學習地帶，脫離舒適地帶。

每天閱讀十分鐘、聆聽員工的意見、與主管保持互動、訂定目標、保持自信。

「早安，傑夫，今天你就要畢業啦！」我們握完手走向藏書室時，湯尼面露微笑地說：「以前我告訴過你，學習之路才剛剛開始，即使你已經驗豐富，依舊如此。說實話，也許我從這幾次的會談中所學到的東西比你更多。多謝你讓我與你分享。」

「等等，您怎麼能謝我呢？」我趕緊說道，「您在我身上花了很多時間，又傳授許多有用的知識呢！」

我對湯尼的讚佩，令他覺得有些不自在。

「好啦好啦，別再說啦！」他說，「上週有什麼進

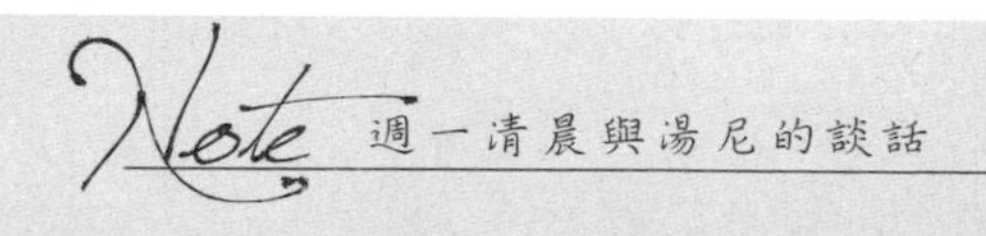

展？」

「最好的消息是珍妮已經答應回公司了。我向她解釋公司領導模式上的改變，她打電話跟幾個朋友確認是否真像我所說的那樣，結果她週三時回電，兩週內她就可以回來上班了。實在太棒了！」

「新進員工的表現也很好，他們充滿熱情和幹勁，這是所有的同事和我有目共睹的。先前費時費力地仔細挑選合適人才，這番苦心終於獲得回報。

我告訴員工桶子和杓子的故事，接著，要求大家即興提出自己的裝桶原則，以及當有人將杓子伸向我們的桶中時，應該採取哪種應對之道。這種練習非常有趣，獲得眾人的好評。記得上週有人說風涼話時，其中一名員工甚至還回答：『別把杓子伸進我的桶子裡！』

我們一同付出的努力，使得工作變得相當順利。」

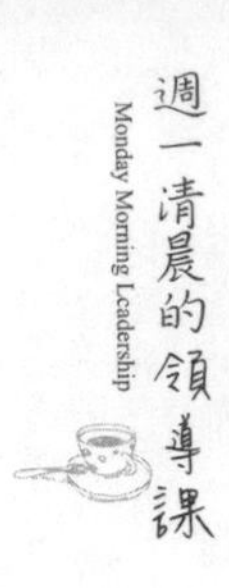

「傑夫，這真是個好消息。不過你還記得上次會談中，我說過，最後我們要談談你自己嗎？」湯尼的語調恢復了嚴肅，「我們花了七週的時間來檢討你的團隊、你的領導風格，以及如何提高成效。」

「現在我們該來看看，你應該怎麼做才能達到自己訂立的目標。

首先，我要讚美你的勇氣。幾週前你鼓起勇氣打電話給我，即使你可能多少抱持著死馬當活馬醫的心態，但畢竟你還是做了。我了解你的困境，我也曾經面臨過類似的際遇，甚至還跟朋友訴苦。當時如果你沒有打這通電話，或許只會有更深的挫折感，也無法改變面臨的窘境。總之，無論如何，很高興你打了這個電話。

你看過《今天暫時停止》（GroundHog Day）這部電影嗎？電影中比爾．莫瑞在某天一覺醒來，居然發現自己

Note 週一清晨與湯尼的談話

從此將日復一日地過著完全相同的日子。」

「看過，很有趣的電影。」我說。

「事實上，大部分的人卻正是這樣在過生活喔！」湯尼解釋道，「他們早上一睜開眼睛，就開始重複前一天的生活——這種生活讓他們感覺心安——直到退休為止。」

「傑夫，我想你在潛意識裡一定很想過像《今天暫時停止》那種生活。

阻止你發揮潛力的勁敵是**『舒適地帶（comfort zone）』**。八週前你第一次來我家時，雖然沒有明說，但你的描述就很像這種情況，你只想安穩地待在舒適地帶。原本這也無可厚非，但是萬一遇到困難，你可能就會手足無措了。

想要出人頭地，就不能放任自己躺在舒適地帶上自鳴得意，必須不斷地追求進步。唯有邁出舒適地帶，走入**『學習地帶（learning zone）』**，才能發揮潛力。

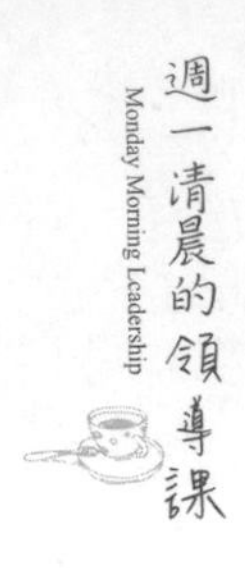

學習地帶有三個『房間』。

第一個房間是閱覽室（reading room）。

這裡面有數以千計的書籍，一半以上是管理學和領導學的相關書籍。每當有主管打電話給我，希望我幫他們解決商務問題時，我的意見或決策指導從來就不是憑空『編』出來的；因為他們的問題不可能是絕無僅有的，這些問題往往早已都被很多著述所討論過，我能很快地從這些書籍中找到最適合他們的作者箴言。

書讀得越多，知識就越豐富。我自己就是最好的例子。學得越多，收穫越大。

你知道嗎？多數人一年都讀不完一本非文學書籍。你可能認為好書既少又貴，但其實一般的公立圖書館都有大量的藏書，等著人們去看，而且完全免費。

假設你每個月讀一本有關管理學或領導學的書——大

Note 週一清晨與湯尼的談話

部分的書約十二章至二十章——若每天花十分鐘讀半章，一年後，你就已經讀了十二本書。如果你一年讀十二本管理學或領導學方面的書，還會怕自己沒有管理的概念嗎？」

「不會。」我說。這是我們週一清晨的會談中，少有的不需動腦筋就可以回答的問題。

「到時如果有機會升遷，你覺得自己能夠勝任嗎？」

「當然能！」

「所以問題不再是你是否有時間和金錢，傑夫，問題在於你能否每天抽出固定的時間來看書。以你來說，你應該至少在未來的十五年內都不會退休，那麼只要每天固定讀半章，就可以讀完一百八十本書。養成閱讀的好習慣，累積的知識將會讓你成為升遷的首選人物。」

「第二個房間是傾聽室（listening room）。

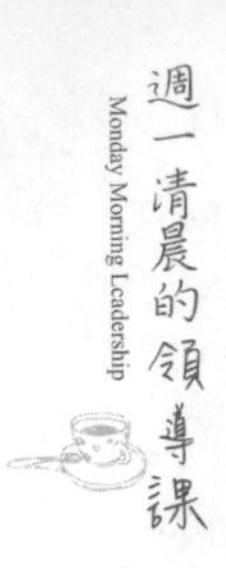

許多主管失敗的原因在於他們驕傲自大、自負或不通情理。

不花時間聆聽員工的意見，等於是漠視團隊成員的需求。驕傲自大、自負和不通情理是管理黑洞中的陷阱。主管最好多聆聽員工的意見，避免掉入陷阱中。

即使是急著外出開會，也要用心聆聽下屬的心聲，而且多方收集意見，可以幫助你做出正確的決策。

另外，通勤也是一個絕佳的聆聽意見時機。根據統計，每個人平均每年在車上耗費約五百個小時的時間。如果能夠善用這段時間，聽一些發人深思的座談會錄音，產生的效益絕對比聽廣播或流行歌曲大得多。當然，這只是我的看法。」

「學習地帶中的第三個房間是給與室（giving room）。不付出，就不會成功。」湯尼接著說道，「在我們開始會

Note 週一清晨與湯尼的談話

談之前，其中的一條要求是，你要將我教給你的道理傳授給其他人。制定這條規則的目的是想讓你了解任重道遠的可貴。你教得越多，就會更有責任感。」

「大家都知道活到老學到老的道理，但是除非你訂定具體的目標，否則很難做到。

就像我們不會跑到機場去等輪船一樣。輪船不會開到機場，要搭輪船就要到港口去。輪船就如同人生或工作的目標，應該要是具體的、可以達到的目標。

我發現，目標是最強大的內在動力，是努力的方向。然而，只有不到5%的人訂定了詳細且具體的目標，而把目標記錄下來的人就更少了。」

「既然目標這麼重要，為什麼很少人會訂定目標呢？」湯尼自我反問道，「我認為有四個主要的原因：

第一，不了解訂定目標的重要性。但我能告訴你，就

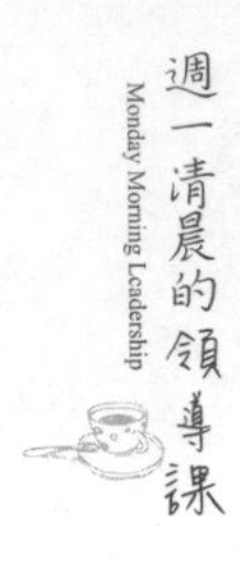

我所知的每項偉大成就背後，它們一開始都是起始於一個目標。獲得成功的關鍵就在於訂定目標。

第二，不知道如何訂定目標。我要求你每次會談後記錄下週要採取的行動，就是因為書寫能夠讓你更明確的釐清並掌握目標。

第三，害怕失敗而不敢訂定目標。沒有目標，當然就不會有失敗的風險，但這是偏差的想法。失敗為成功之母，在成功之前，多半會遭遇失敗；所以只要調整好心態，不要太過於極端，即使沒達到目標，訂定目標也將有助於成功。

第四，脫離舒適地帶才能達到目標。許多人安於現狀，不敢嘗試新事物，所以往往會裹足不前。

看到你現在的成長以及對於訂定目標的努力，我實在太高興了。我相信你可以成為一名經驗豐富且睿智的領導

Note 週一清晨與湯尼的談話

者，成為他人爭相效仿的典範。不過請你記得，人們欣賞的是那些無論是生活或事業都有所成就的領導者，而不是那些經年累月工作而疾病纏身或妻離子散才換來成功的人。

我給你的最後忠告是：永遠都信心十足。即使在未來的道路上遭遇挫折，也要堅持不放棄。

這個世界不屬於盲目樂觀的人，即便是最優秀的人也不總是一帆風順；但不論如何，絕對不能放棄信心。

就拿我自己來說吧，我熱愛高爾夫球，它對我而言就像是領導學一樣，都是我生命中的良師。在打高爾夫球的過程中，我也會遇到幾種讓人灰心的狀況：例如在球座和終點之間擊球，球被卻打回了起點；原本揮出絕妙的一桿，卻因為一陣風讓球跌飛落入沙坑中；甚至入洞的那一桿打得很準，卻因為球標沒修好而導致不進洞。

商場上同樣也有很多不公平的事情。然而，問題不在

於會發生何種不公平的事情，而是要如何應對發生的事情。

再跟你說最後一個故事。我認識一名老婦人，她是我所有朋友中最聰明、最有自信的。她不富有，也沒接受過正規教育，甚至不曾外出工作過，但是她卻擁有豐富的常識，知識水準在一般的博士之上。

我永遠都記得從她身上學來的智慧──無論面對什麼困難，都要保持樂觀自信。

她最常說的話是：每個人都可以將自己的問題丟出去，丟完問題後，也有權選擇想要撿起來的問題。而當我們撿起問題、面對問題時，往往就會發現──其實並沒有嚴重到不能解決的問題。

她的話很有道理。事實上，有很多事情都與你的生活態度，以及你選擇以何種方式面對生活所帶來的苦惱有關。生活是美好的，即使遭遇挫折時也是。保持樂觀自

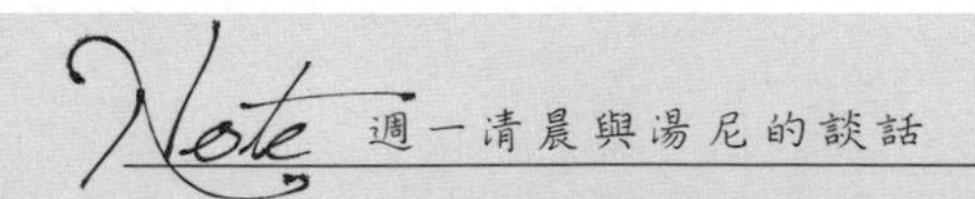

信，有助於你創造嶄新的生活。

傑夫，時間又快到了。最後一次，我要問你一個問題：你有什麼新的打算呢？」

「湯尼，您把最好的故事留到了最後。您朋友是對的！

我已經猜到您會再次問我有什麼打算，所以我早就有備而來。我將前幾次會談的內容做了總整理，我會秉持著下面的原則行事，希望自己能夠成為傑出的領導者。

1. 無論遭遇任何困難，都對自己的行為及團隊的業績負責；
2. 分辨事情的輕重緩急；
3. 與主管保持密切的互動；
4. 遠離管理黑洞，與員工達成共識；
5. 獎勵表現傑出的員工；

6.以積極的態度面對並解決問題；

7.堅持正確的做法；

8.掌握自己的原則，因為我做的每件事都會影響員工對我領導能力的評價；

9.精挑細選合適的員工；

10.成為一名優秀的時間管理專家；

11.隨時裝滿別人的桶子。

結束本週的會談後，我會再加上兩條。

12.進入並持續地停留在學習地帶；

13.成為別人的榜樣。」

「太好了，傑夫。你在這八週中，有了長足的進

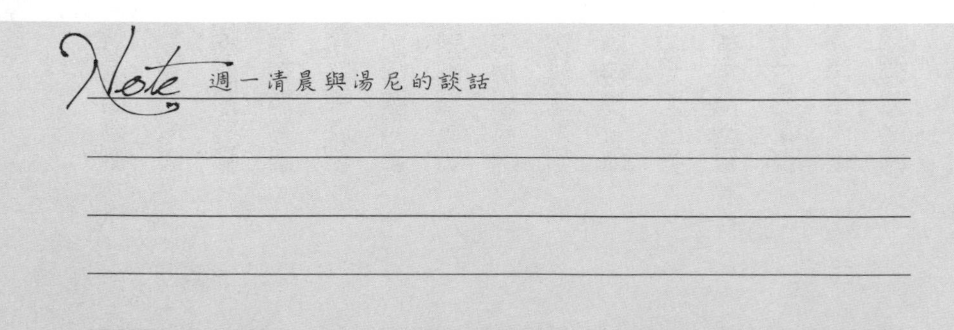

步。」湯尼說著，站起來緊握我的雙手。

「在我離開前，我想送你一份禮物，我去車上拿。」我說，「我很快就回來。」

「湯尼，這是送給您的。」回來後，我遞給他一個包裝精美的盒子。

湯尼拆開禮物——那是一個銅製的大桶，上面刻著湯尼的名字，裡面被三十多份小禮物裝滿了。

「雖然只是一份薄禮，但它代表過去的八週您對我的幫助。」我解釋著，聲音有些哽咽，「您的真知灼見，填滿了我的桶子。」

「湯尼，我們還會再見面嗎？」

「在八週的會談之前，你就承諾要把我教你的道理傳授給別人。實踐你的承諾，我們就會像是永遠在一起對談了吧。傑夫，謝謝你的桶子和禮物。我很高興你能打電話

給我，讓我有機會與你共度這段別具意義的時光。」

我走出門外，深深地吸了一口氣，轉身揮手道：「湯尼，再見！」

Note 週一清晨與湯尼的談話

Postscript 後記

我與湯尼週一清晨的八次會談成為我事業的轉捩點。在過去的兩年中，他提出的精闢見解引導著我的領導風格。

六個月前，我升職了，離開公司又回來的珍妮接替了我的職位。

很少人能有像湯尼那樣的良師益友。我遵從他的教導，向他學習，並把所學的知識教給其他人。

現在我可以打電話給湯尼，討論我們下一次的會面。

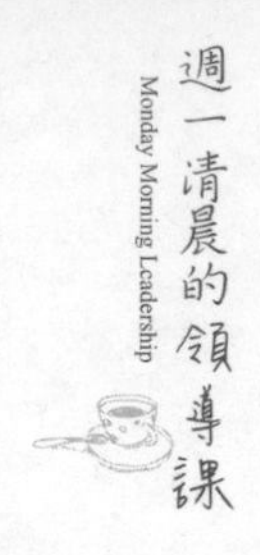

湯尼的智慧集錦

1. 任何人都會遭遇領導能力方面的問題；
2. 雖然升職後權力會增加，但同時也會失去過去可以享受的某些自由；
3. 真正的領導者會花時間解決問題，而不是責備下屬；
4. 口頭上的了解沒有約束力，只有當你用筆記錄下來時，才會有必須實踐的壓力；
5. 期望別人了解你的想法，最後只會感到失望；

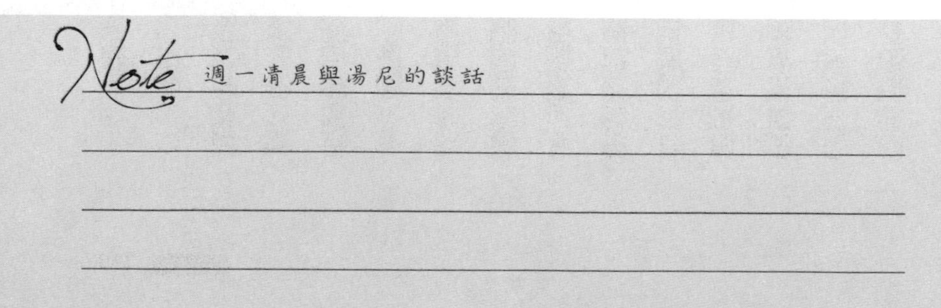

6. 在炒公司魷魚之前，他們已經先炒了上司的魷魚。

7. 像管理下屬一樣來管理你的上司；

8. 領導者的「首要問題」之一是消除員工的迷惑；

9. 遠離管理黑洞，與下屬保持互動；

10. 你應該做的不是提攜業績最差的員工來減少流星數量，而應該是要獎勵超級明星來提高最上限；

11.堅持正確的事很困難，但切記，做正確的事始終都是正確的；

12.你做的任何決策都會影響員工對你的評價，他們仰賴你豎立「做正確的事」的榜樣；

13.維護公正的形象，它是寶貴的領導財富；

14.領導者的主要任務之一就是僱用合適的員工；

15.避免為了填補職位的空缺而降低用人標準，否則以後會為此付出代價；

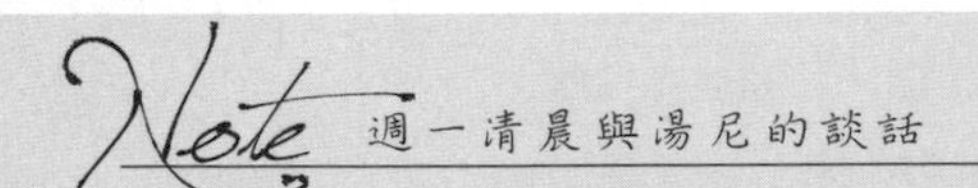

16.壓力、焦慮和苦惱的主要原因在於你覺得生活失控了；

17.想要充分利用時間，就要學會收集零碎時間，這樣你就有更多時間可以運用了；

18.你是主要的裝桶人，最好的裝桶方式是良好的溝通；

19.唯有離開舒適地帶，不斷追求進步，才能夠出人頭地；

20.生活中有很多事情都與生活態度，以及你選擇以何種方式面對生活所帶來的苦惱有關。生活是美好的，即使在遭遇困境時也是如此。

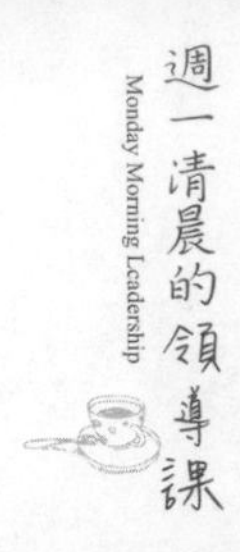

領導學原則

價值原則

公正原則：員工對領導者的信任程度與其績效成正比。

責任原則：領導者和員工都為自己的行為負責，可以提高績效。

委託原則：領導者僱用並提拔有才能的員工，可以提高績效。

構想原則：領導者提出合理的決策，獲得員工的認同，可以提高績效。

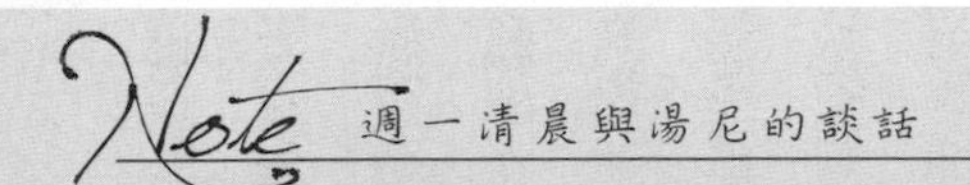

分工合作原則

交流原則： 員工恪守本分，適時給予嘉獎，可以提高績效。

解決矛盾原則： 領導者排除壓抑員工的障礙後，可以提高績效。

樂觀原則： 績效與領導者的自信心和態度成正比。

改變管理模式原則： 領導者追求創新，積極進行改革，可以提高績效。

投資原則

授權原則：員工為自己的行為負責時，他們的績效就會提高。

勇氣原則：領導者解決員工的問題的能力越強，績效越高。

榜樣原則：領導者豎立良好的榜樣時，可以提高績效。

準備原則：領導者與員工共同成長，可以提高績效。

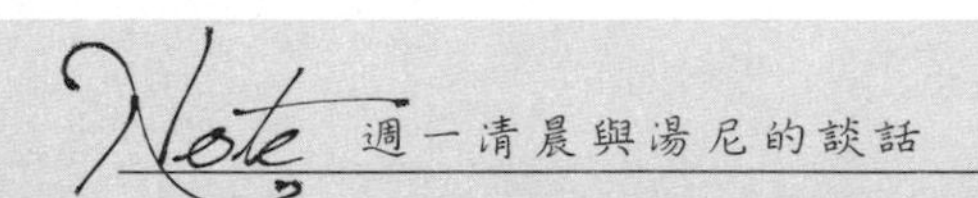

大都會文化圖書目錄

●心靈特區系列

書名	定價	書名	定價
每一片刻都是重生	220 元	給大腦洗個澡	220 元
成功方與圓—改變一生的處世智慧	220 元	轉個彎路更寬	199 元
課本上學不到的 33 條人生經驗	149 元	絕對管用的 38 條職場致勝法則	149 元
從窮人進化到富人的 29 條處事智慧	149 元	成長三部曲	299 元
心態—成功的人就是和你不一樣	180 元	當成功遇見你—迎向陽光的信心與勇氣	180 元
改變，做對的事	180 元	智慧沙	199 元（原價 300 元）
課堂上學不到的 100 條人生經驗	199 元（原價 300 元）	不可不防的 13 種人（二版）	250 元
不可不知的職場叢林法則	199 元（原價 300 元）	打開心裡的門窗	200 元
不可不慎的面子問題	199 元（原價 300 元）	交心—別讓誤會成為拓展人脈的絆腳石	199 元
方圓道	199 元	12 天改變一生	199 元（原價 280 元）
氣度決定寬度	220 元	轉念—扭轉逆境的智慧	220 元
氣度決定寬度 2	220 元	逆轉勝—發現在逆境中成長的智慧	199 元
智慧沙 2	199 元	好心態，好自在	220 元
生活是一種態度	220 元	要做事，先做人	220 元
忍的智慧	220 元	交際是一種習慣	220 元
溝通—沒有解不開的結	220 元	愛の練習曲—與最親的人快樂相處	220 元
有一種財富叫智慧	199 元	幸福，從改變態度開始	220 元
菩提樹下的禮物—改變千萬人的生活智慧	250 元	有一種境界叫捨得	220 元
有一種財富叫智慧 2	199 元	被遺忘的快樂祕密	220 元
智慧沙【精華典藏版】	250 元	有一種智慧叫以退為進	220 元
有一種心態叫放下	220 元	有一種境界叫捨得 貳	220 元
有一種智慧叫以退為進 貳	220 元	改變別人不如掌控自己	220 元
有一種心態叫放下 貳	220 元	氣度決定一切	250 元
淡定	250 元		

● SUCCESS 系列

書名	定價	書名	定價
七大狂銷戰略	220 元	打造一整年的好業績—店面經營的 72 堂課（二版）	220 元
超級記憶術—改變一生的學習方式	199 元	管理的鋼盔—商戰存活與突圍的 25 個必勝錦囊	200 元

搞什麼行銷—152 個商戰關鍵報告	220 元	精明人聰明人明白人—態度決定你的成敗	200 元
人脈＝錢脈—改變一生的人際關係經營術	180 元	搜驚 · 搜精 · 搜金 —從 Google 的致富傳奇中，你學到了什麼？	199 元
搶救貧窮大作戰の 48 條絕對法則	220 元	客人在哪裡？—決定你業績倍增的關鍵細節	200 元
絕對中國製造的 58 個管理智慧	200 元	商戰奇謀 36 計—現代企業生存寶典 I	180 元
殺出紅海—漂亮勝出的 104 個商戰奇謀	220 元	商戰奇謀 36 計—現代企業生存寶典 II	180 元
巨賈定律—商戰奇謀 36 計	498 元	商戰奇謀 36 計—現代企業生存寶典 III	180 元
幸福家庭的理財計畫	250 元	創意決定優勢	180 元
有錢真好！輕鬆理財的 10 種態度	200 元	贏在關係—勇闖職場的人際關係經營術	180 元
我在華爾街的日子	220 元	你在說什麼？—39 歲前一定要學會的 66 種溝通技巧	220 元
買單！一次就搞定的談判技巧	199 元（原價 300 元）	職場 AQ —激化你的工作 DNA	220 元
與失敗有約 —13 張讓你遠離成功的入場券	220 元	鏢局—現代企業的江湖式生存	220 元
智取—商場上一定要知道的 55 件事	220 元	勝出！—抓住富人的 58 個黃金錦囊	220 元
到中國開店正夯《餐飲休閒篇》	250 元	創造價值—讓自己升值的 13 個秘訣	220 元
搶賺人民幣的金雞母	250 元	超級記憶術（紀念版）	199 元
李嘉誠談做人做事做生意	220 元	把生意做大	220 元
執行力—現代企業的江湖式生存	220 元	好感力—辦公室 C 咖出頭天的生存術	220 元
李嘉誠再談做人做事做生意	220 元	人脈＝錢脈—改變一生的人際關係經營術（平裝紀念版）	199 元
業務力—銷售天王 VS. 三天陣亡	220 元	選對人，做對事	220 元
活出競爭力—讓未來再發光的 4 堂課	220 元	借力—用人才創造錢財	220 元
先做人，後做事	220 元	先做人後做事 第二部	220 元
有機會成為 CEO 的員工—這八種除外！	220 元	李嘉誠談做人做事做生意 全集	280 元
老闆不會告訴你的事—有機會成為 CEO 的員工，這 8 種除外！	220 元	Boss 的微笑：縱橫商場不能說的祕密（上）	250 元
屁股管理學	250 元	細節，決定你 3 年後的成敗	250 元
你可以不加班！效率達人教你 3 小時輕鬆完成 8 小時工作	280 元		

●都會健康館系列

冬養生—二十四節氣養生經	220 元	春養生—二十四節氣養生經	220 元
夏養生—二十四節氣養生經	220 元	秋養生—二十四節氣養生經	220 元
春夏秋冬養生套書	699 元（原價 880 元）	寒天 — 0 卡路里的健康瘦身新主張	200 元
地中海纖體美人湯飲	220 元	居家急救百科	特價 399 元
病由心生—365 天的健康生活方式	220 元	輕盈食尚—健康腸道的排毒食方	220 元
樂活，慢活，愛生活 — 健康原味生活 501 種方式	250 元	24 節氣養生食方	250 元
24 節氣養生藥方	250 元	元氣生活—日の舒暢活力	180 元
元氣生活—夜の平靜作息	180 元	自療—馬悅凌教你管好自己的健康	250 元
居家急救百科（平裝）	299 元	秋養生—二十四節氣養生經（二版）	220 元
冬養生—二十四節氣養生經（二版）	220 元	春養生—二十四節氣養生經（二版）	220 元
夏養生—二十四節氣養生經（二版）	220 元	遠離過敏—打造健康的居家環境	280 元
溫度決定生老病死	250 元	馬悅凌細說問診單	250 元
你的身體會說話	250 元	春夏秋冬養生—二十四節氣養生經（二版）	699 元
情緒決定你的健康— 無病無痛快樂活到 100 歲	250 元	逆轉時光變身書 — 8 週變美變瘦變年輕的健康祕訣	280 元
今天比昨天更健康：良好生活作息的神奇力量	220 元	「察顏觀色」—— 從頭到腳你所不知道的健康警訊	250 元
24 節氣養生食方（彩色圖文版）	350 元	24 節氣養生藥方（彩色圖文版）	350 元
問病——馬悅凌細說問診單	280 元	健健康康活百歲—跟孫思邈學養生	250 元
健康存摺— 為你儲備健康指數的 501 個新主張	250 元	揭開你身體的秘密—女性自我檢測枕邊書	250 元
我的健康飲・我的美麗元氣	350 元	醫廚：在廚房裡遇到李時珍	350 元

●大旗藏史館

大清皇權遊戲	250 元	大清后妃傳奇	250 元
大清官宦沉浮	250 元	大清才子命運	250 元
開國大帝	220 元	圖說歷史故事—先秦	250 元
圖說歷史故事—秦漢魏晉南北朝	250 元	圖說歷史故事—隋唐五代兩宋	250 元
圖說歷史故事—元明清	250 元	中華歷代戰神	220 元
圖說歷史故事全集	880 元（原價 1000 元）	人類簡史—我們這二百萬年	280 元
世界十大傳奇帝王	280 元	中國十大傳奇帝王	280 元

大都會文化　讀者服務卡

書名：**週一清晨的領導課**

謝謝您選擇了這本書！期待您的支持與建議，讓我們能有更多聯繫與互動的機會。

A. 您在何時購得本書：______年______月______日

B. 您在何處購得本書：____________書店，位於____________(市、縣)

C. 您從哪裡得知本書的消息：

1.□書店　2.□報章雜誌　3.□電台活動　4.□網路資訊

5.□書籤宣傳品等　6.□親友介紹　7.□書評　8.□其他

D. 您購買本書的動機：（可複選）

1.□對主題或內容感興趣　2.□工作需要　3.□生活需要

4.□自我進修　5.□內容為流行熱門話題　6.□其他

E. 您最喜歡本書的：（可複選）

1.□內容題材　2.□字體大小　3.□翻譯文筆　4.□封面　5.□編排方式　6.□其他

F. 您認為本書的封面：1.□非常出色　2.□普通　3.□毫不起眼　4.□其他

G. 您認為本書的編排：1.□非常出色　2.□普通　3.□毫不起眼　4.□其他

H. 您通常以哪些方式購書：(可複選)

1.□逛書店　2.□書展　3.□劃撥郵購　4.□團體訂購　5.□網路購書　6.□其他

I. 您希望我們出版哪類書籍：（可複選）

1.□旅遊　2.□流行文化　3.□生活休閒　4.□美容保養　5.□散文小品

6.□科學新知　7.□藝術音樂　8.□致富理財　9.□工商企管　10.□科幻推理

11.□史地類　12.□勵志傳記　13.□電影小說　14.□語言學習（_____語）

15.□幽默諧趣　16.□其他

J. 您對本書(系)的建議：

____

K. 您對本出版社的建議：

____

讀者小檔案

姓名：______________ 性別：□男　□女　生日：____年____月____日

年齡：□20歲以下 □21～30歲 □31～40歲 □41～50歲 □51歲以上

職業：1.□學生 2.□軍公教 3.□大眾傳播 4.□服務業 5.□金融業 6.□製造業

7.□資訊業 8.□自由業 9.□家管 10.□退休 11.□其他

學歷：□國小或以下 □國中 □高中／高職 □大學／大專 □研究所以上

通訊地址：____

電話：（H）______________（O）______________ 傳真：______________

行動電話：______________ E-Mail：______________________

◎謝謝您購買本書，也歡迎您加入我們的會員，請上大都會文化網站 www.metrobook.com.tw 登錄您的資料。您將不定期收到最新圖書優惠資訊和電子報。

週一清晨的 ★★★★★ 亞馬遜網路書店五顆星評價

領導課

Monday Morning Leadership

北區郵政管理局
登記證北台字第9125號
免 貼 郵 票

大都會文化事業有限公司

讀 者 服 務 部 收

11051台北市基隆路一段432號4樓之9

寄回這張服務卡〔免貼郵票〕
您可以：
◎不定期收到最新出版訊息
◎參加各項回饋優惠活動

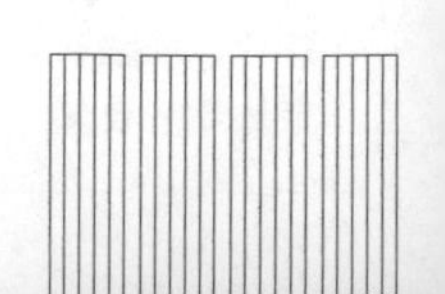

週一清晨的領導課

作　　者　大衛・科特萊爾（David Cottrell）
譯　　者　高秀娟
發 行 人　林敬彬
主　　編　楊安瑜
編　　輯　蔡穎如、陳亮均
美術編排　澄　羚
封面設計　chris yu

出　　版　大都會文化事業有限公司　行政院新聞局北市業字第89號
發　　行　大都會文化事業有限公司
11051台北市信義區基隆路一段432號4樓之9
讀者服務專線：(02)27235216
讀者服務傳真：(02)27235220
電子郵件信箱：metro@ms21.hinet.net
網　　址：www.metrobook.com.tw

郵政劃撥　14050529 大都會文化事業有限公司
出版日期　2005年07月初版・2008年12月二版
2012年08月三版一刷
定　　價　250元
I S B N　978-986-6152-51-1
書　　號　Success057

First published in U.S.A. under the title Monday Morning Leadership: 8 Mentoring Sessions You Can't Afford to Miss by David Cottrell
ISBN 0-971-94243-9

國家圖書館出版品預行編目資料

週一清晨的領導課 /大衛.科特萊爾(David Cottrell)著；高秀娟譯.
-- 三版. -- 臺北市：大都會文化, 2012.08
160面；21×14.8公分. -- (Sucess；57)

譯自 :Monday Morning Leadership：8 Mentoring Sessions You Can't Afford to Miss
ISBN 978-986-6152-51-1(平裝)

1.企業領導 2.組織管理

494.2　　101014306

大都會文化
METROPOLITAN CULTURE

大都會文化
METROPOLITAN CULTURE